基于语料库的中国生态文明话语研究

刘梦婷 著

本书得到武汉商学院学术著作出版资助

本书系湖北省教育厅哲学社会科学研究项目『基于语料库的中国生态文明话语翻译与传播研究（2012-2023）』（项目编号23G021）的项目成果

U0241360

中国纺织出版社有限公司

内 容 提 要

本书借助语料库语言学、批评话语分析和翻译学等相关理论和方法，对中国生态文明话语体系开展了系统研究。借助LexisNexis数据库构建了中外媒体涉华生态话语语料库，基于数据分析，从主题词、搭配、互文性、隐喻、元话语等维度对中外媒体报道进行多元对比研究，旨在客观再现主要英语国家对我国生态文明话语理念和官方英译的阐释和接受状况，解读这类话语在英语世界传播的热点、焦点、接受偏好和历时变化，为我国生态文明话语体系的对外译介提供有效建议，提升我国的生态话语权和国际形象。

图书在版编目（CIP）数据

基于语料库的中国生态文明话语研究／刘梦婷著.
北京：中国纺织出版社有限公司，2025.2. -- ISBN
978-7-5229-2522-6

Ⅰ．X321.2；H1

中国国家版本馆CIP数据核字第2025S3T597号

责任编辑：林 启 责任校对：李泽巾 责任印制：储志伟

中国纺织出版社有限公司出版发行

地址：北京市朝阳区百子湾东里A407号楼 邮政编码：100124

销售电话：010—67004422 传真：010—87155801

http://www.c-textilep.com

中国纺织出版社天猫旗舰店

官方微博 http://weibo.com/2119887771

河北延风印务有限公司印刷 各地新华书店经销

2025年2月第1版第1次印刷

开本：710×1000 1/16 印张：14

字数：226千字 定价：98.00元

前　言

PREFACE

本书系湖北省教育厅哲学社会科学研究项目"基于语料库的中国生态文明话语翻译与传播研究（2012—2023）"（项目编号23G021）的项目成果。

党的十八大以来，生态文明建设被提升到国家发展战略的高度，并在全社会宣扬尊重自然、顺应自然、保护自然的生态文明思想。此后，"生态文明建设"相关话语经常见于政府官方文件、领导人讲话、新闻媒体报道等。这些话语本身也是一种社会实践，代表着国家自我重塑生态形象的过程。生态文明话语是新时代中国特色话语体系的重要组成部分，生态话语权也是国家软实力的重要组成部分。当前国际格局下，生态问题无国界，但是中国在生态领域的国际话语权仍然受到许多限制。由于语言文化和意识形态的差异，英语世界的媒体对于中国生态文明话语总体上十分关注但非完全认同。中国生态文明话语的传播需要创新翻译策略和传播路径，更好地讲述中国生态文明故事，提升我国的生态大国形象和国际话语权，在中西方之间建立跨文化的生态话语对话，以消除话语霸权，促进生态话语和谐共生、互惠互利。

由此，本研究借助语料库语言学、话语分析和翻译学等的最新研究成果，对大规模语料进行定量和定性相结合的语言分析，以解读中国生态文明话语在英语世界传播的热点、焦点、接受偏好和历时变化，分析其中不同理解和认知背后的语言文化、政治意图、意识形态等原因，为相关翻译和传播工作提供策略建议。

本书的研究思路和架构包括：

（1）对国内外生态文明话语、话语分析和翻译学等的相关研究进行比较全面的回顾，分析现有研究的不足并提出研究问题。

（2）自建生态话语双语语料库，利用语料库软件 AntConc 提取该语料库的高频词，然后根据这些高频词在 LexisNexis 数据库中搜集关联性强的新闻话语样本，并人工剔除重复和与研究主题无关的报道。

（3）对语料进行清洗，分别制作中国和外国媒体"双碳"话语语料库。

（4）利用 LexisNexis 数据库进行检索和对比，探究中共十八大召开后的十年间，世界主要英语媒体对中国生态议题的报道数量、焦点和趋势等。

（5）借助文本数据分析工具 KH Coder、语料库分析软件 AntConc，从主题词、搭配、互文性、隐喻、元话语五个维度对语料进行自上而下多层次分析，包括宏观描述（话题、框架、话语策略等）和微观描述（语言手段、形式、词语类型等）。

（6）根据前期的数据分析和文献研究，结合语料所在的特定社会、历史和文化语境，对比分析中国生态文明话语的历时接受度和分布情况，以及折射出的认知、文化、意识形态等取向，进而提炼出中国生态文明话语体系在他塑性建构向度上的新特征。

（7）基于前文的多维度对比分析，从互文性、隐喻、元话语和关键词等角度探讨话语翻译的策略。

（8）总结研究结论，反思研究局限，展望研究前景。

本研究发现借助语料库技术对话语进行定性与定量的对比分析是可行的，研究结论对于探索英语世界媒体对我国对外话语的阐释和接受状况、话语和权力之间的关系、中国话语对外译介和传播路径的优化、国际新闻生产机制、翻译过程中的源语渗透效应等均有一定的参考价值，而且可为英语学习者、新闻翻译工作者、翻译教学人员等群体提供一定的借鉴。但是本研究还有其局限性，今后的研究可以建设规模更大、语料更为翔实的生态话语语料库，来验证本研究的一些发现，也可以研究中国生态文明话语在国外社交媒体上的接受和阐释情况，或者研究如何挖掘更容易让外国读者产生共鸣的中国生态故事，从新闻传播的视角探讨优化翻译传播效果的策略。

目 录
CONTENTS

第一章

绪　论

党的二十大报告指出，"加快构建中国话语和中国叙事体系，讲好中国故事、传播好中国声音，展现可信、可爱、可敬的中国形象"。全球化大背景下，一国的国际话语权不仅综合体现了国家经济、政治、文化等方面的实力，也涉及国家之间利益与意识形态的竞技。21世纪以来，生态话语权已经成为我国对外话语体系和软实力的重要组成部分。本研究借助语料库语言学、翻译学、传播学等多学科理论和方法，自建生态文明话语语料库，并将其与国际大型语料库 LexisNexis 的新闻语料进行对比分析，以数据驱动开展多元形态研究，旨在客观再现主要英语国家对我国生态文明话语的理念和官方英译的阐释和接受状况，从而为我国生态文明话语体系的对外译介提供有效建议，提升我国的生态话语权和国际形象。

下文将概括本研究的背景，明确研究目标和问题，介绍研究方法和语料，说明研究意义，并简要介绍各章节的基本内容。

1.1　研究背景

二十世纪八九十年代，正值中国推行改革开放政策，当时国家的首要关注点是经济建设，发展经济是各行各业的重心。但过度强调经济增长也产生了一些副作用，首当其冲的就是环境问题，以及环境破坏对公共利益和人民健康的潜在威胁。随着生活水平和公众环保意识的提高，人们不再满足于以牺牲环境为代价过度追求经济高速增长，普遍认为必须从根本上变革经济增长方式，修复生态环境。

2012年，中国共产党第十八次全国代表大会将生态文明与经济、政治、文化和社会建设一同纳入国家"五位一体"的总体布局。自此,生态文明建设被提升到国家发展战略的高度,在全社会宣扬尊重自然、顺应自然、保护自然的生态文明思想。此后,政府官方文件也反复提及"生态文明建设",强调这是一个复杂而长期的政治、社会、经济和文化过程。

政治行动同时也是一种话语实践。这类话语的范围很广,可以从政治领导人的演讲、官方文件和政策,到新闻媒体报道。政治话语在实现具体的政治目的,动员人民采取联合行动,促进社会资源分配合法化,建立或改变官方规范、法规和法律等方面发挥着至关重要的作用(Chilton, 2004)。当然,生态文明建设的相关话语服务于这些政治功能,也充当着政治沟通工具,帮助国家扭转其生态不友好的公众形象。由此可见,我国在党的十八大后提出的生态文明建设相关话语,可以理解为自我重塑国家生态形象的过程,进而重申我国在生态外交中的软实力或话语权。值得一提的是,中国在保护生物多样性、节能减排等全球性议题中投入了大量的人力、物力,但是这些举措在英语世界中的知晓度和认可度并不高。李全喜和李培鑫(2022)提出,国际上尚未形成关于中国生态治理的话语体系,中国生态文明国际话语权亟待加强。从这个角度来看,构建中国生态文明话语体系意义重大,肩负着宣扬中国特色生态治理道路、理论和制度的历史使命。

1.2 研究目标与研究问题

本研究拟借助语料库语言学和话语分析的最新研究成果,对大规模语料进行定量和定性相结合的语言分析,以解读中国生态文明话语在英语世界传播的热点、焦点、接受偏好和历时变化,分析其中不同理解和认知背后的语言文化、政治意图、意识形态等原因,为相关翻译和传播工作提供策略建议。具体研究问题主要包括以下三个方面:

(1)如何借助系统功能语言学(system-functional linguistics)的语言多维度和语料库话语分析工具,对比分析我国生态话语官方英译与国际主流媒体话语的异同，并阐释后者如何完成意义再生和语篇重构？

系统功能语言学对概念意义、人际意义和语篇意义的分析，可以为话语的选择提供有力参考，而且可以提供多个语言维度，对语言形式、结构、使用者、功用、意义、语境等进行全面解读。语料库话语分析工具则可以统计特定词语的搭配和其他重复出现的语言模式，对我国官方生态文明话语与国际主流媒体话语在词语上的不同选择和意义构建进行对比分析。

（2）中国生态文明话语官方英译在英语世界的实际接受度如何？

通过历时分析，揭示英美主流媒体的关注焦点和延续情况，并运用词云、聚类分析等多种方法可视化呈现中国生态文明话语在英语世界的传播接受度，包括热点、焦点、接受偏好和历时变化等。

（3）如何更好地构建中国生态文明话语体系？有何具体策略方法？

基于语料库数据分析和前人的研究成果，分析中外生态文明话语在话语形式和意义上的显明特征及其内在原因，以及中国生态文明话语在他塑性建构向度上的新特征，讨论翻译视角下中国生态文明话语对外译介的新面向和新可能，进而提供策略建议，助力创新中国生态文明话语表述和翻译，加强中国生态文明话语的的多模态传播，切实构建好中国对外生态文明话语体系，讲好中国生态文明故事。

1.3　研究语料与研究方法

党的十八大以来，国家官方文件、领导人讲话反复强调生态文明建设，生态文明建设实践中也涌现出一系列的新理念和新话语，比如"美丽中国""绿水青山就是金山银山""无废城市"等。本研究自建了 ECO 双语语料库，语料主要收集于由中国外文局和中国翻译研究院发起的"中国关键词"项目中"生态文明"和"生态环境及社会治理"等专题，以及党的十八大以来国家有关生态文明议题的白皮书。具体文本见图 1–1。

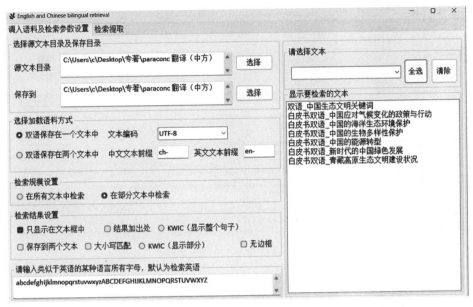

图 1-1　CUC-Paraconc V0.3 主界面

借助语料库分析软件 AntConc 4.2.4 提取该语料库中的高频词，然后检索这些高频词在 LexisNexis 语料库中对应的语言样本。LexisNexis 语料库连接至 40 亿个文件、11439 个数据库以及来自世界各地 9000 多个数据源的 180 多个国家和地区的 36000 个语料。考虑到外国英文媒体对于中国生态文明话语的表述较为多元，且与中国的官方英译表述不完全对应，为了较为全面、准确地搜集 LexisNexis 语料库中的相关报道语料，拟基于 ECO 双语语料库中的高频词，采用"主题检索词 + 词项"的方式进行综合检索，并人工剔除重复的、与本研究主题无关的报道。

然后，借助 LexisNexis 语料库自带的检索功能和分析工具（图 1-2），从宏观角度对比中外主流英语媒体对中国生态文明议题的历时报道情况，包括报道数量、分布、主题等，并解释历时变化背后的原因。

最后，根据 LexisNexis 语料库中提取的英语新闻报道，搭建中外媒体双碳话语语料库，从宏观、微观角度考察中国双碳话语在主流英语媒体报道中的接受生产情况、内在逻辑和原因，以期补充中国特色外交话语研究在生态领域的缺位，促进中国国际形象和话语权的提升。

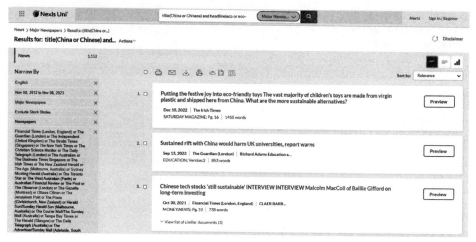

图 1-2　LexisNexis 语料库界面❶

1.4　研究意义

从某种程度上说，一国在某一国际议题上的话语权属于该国的软实力，一方面取决于该国的客观综合国力，另一方面也反映着该国话语体系是否健全和完善，是否具备国际影响力。生态文明话语是新时代中国特色话语体系的重要组成部分，生态话语权也是国家软实力的重要组成部分。在当前国际格局下，生态问题无国界，但是中国在生态方面的国际话语权仍然受到许多限制。由于语言文化和意识形态的差异，西方媒体对于中国生态文明话语总体上"十分关注但非完全认同"。更有甚者，一些外国媒体刻意夸大、歪曲中国的环境污染个案，鼓吹"中国环境威胁论"。中国生态文明话语的传播面临困境，亟待创新翻译策略和传播路径，加强这类话语的传播效果，进而提升我国生态大国的形象和国际话语权。

中华五千年文明史孕育了"天人合一""道法自然"等丰富的生态智慧。近年来，中国政府也提出要建设生态命运共同体，可以说讲好中国生态故事，

---

❶　本书所引用的英文媒体内容仅出于信息参考目的，不代表作者个人观点或立场。

让中国生态文明话语"走出去"是一项重要工作。目前，已经有一批知名学者开始着力研究中国特色话语体系的构建和传播问题，但是主要集中于外交、政治话语和文学文化题材的探讨，而对其他领域的话语缺乏深入考察。生态文明建设是 21 世纪人类的重要议题，研究相关话语的翻译和传播有助于提升中国的国际生态形象和话语权。在此背景下，使用基于语料库的定量和定性话语分析方法，探究中国生态文明话语在国际传播中的接受情况，并提出翻译和传播策略，不仅可以充实中国对外话语体系的研究，而且对我国提高生态国际形象具有现实借鉴意义。具体如下：

（1）探索中国话语国际传播的新向度、新路径。本研究依据语料库开展多元形态研究，对大规模语料进行处理分析，分析英语世界主流媒体对中国生态文明话语的形式以及意义的再生产情况和他塑性建构，试图论证借助生态文明话语国际传播来超越意识形态差异的可能性，并从人类共性、共情角度，发掘基于人类共同价值、有利于中国话语输出的生态文明话语体系，从而为我国提高国际形象提供更加有效的策略。

（2）充实关于生态治理的中国特色话语体系。目前，国内学界已经开始重视中国生态国际话语权的相关问题，一些学者已经开始就其概念内涵、传播意义、影响因素等进行研究，但国际上尚未形成关于生态治理的中国话语体系，有必要从翻译和传播视角来探索中国生态文明话语体系的构建和完善方法。

（3）为中国生态文明话语的对外译介提供一定参考。目前中国话语对外传播效果还有待进一步提升，中国生态文明理念的魅力还未充分得到展示。本研究通过探讨海外媒体对中国生态文明特色话语的接受和阐释状况，可以为讲好中国生态文明故事提供语料支持，进而向国际社会展示真实、立体、全面的中国。

第二章

文献综述

本章首先阐述本研究中最关键的概念，即生态文明话语的定义及其内涵，并对这类话语实践和翻译传播的相关研究进行梳理。然后对本研究的研究重点，即中国对外话语的传播和翻译研究所采取的研究方法、研究对象、研究环境、研究主题和结论等进行总结，进而分析现有研究存在的不足。

2.1　生态文明话语研究

2.1.1　生态文明话语的内涵

我们的银河系中有数千亿颗行星，但只有一个地球。地球环境的质量将直接影响人类的生存质量，因为它是人类唯一的家园。随着人类与环境冲突的加剧，国际社会采取了各种措施来保护地球上的生态和环境，如签署了联合国气候变化框架公约（UNFCCC），并在此框架下定期举办缔约方大会，推动全球气候行动。人们越来越认识到，地球生态系统是不可分割的，人类必须共同努力应对气候变化带来的种种挑战。

21世纪初，环境问题成为一个全国性的问题，引起了广泛的社会关注。在某种程度上，过度追求经济增长而造成环境衰退，影响了人们对国家治理政策的政治认同（Muldavin, 2008）。在这种背景下，中国共产党决心解决环境问题，正式发起全国性的生态运动，将"生态文明"一词从学术界重新引入政治话语。2002年党的十六大正式提出，2007年党的十七大确立了生态文明建设的理念，并将其列为全面建设小康社会目标的新要求。"建设社会主义生态文明"还被写入了党章。党的十八大以来，以习近平同志为核心的党中央对加强全球生态治理和推动全球生态治理改革形成了一系列重要论述。中国生态文明话语可以被视为一种东方生态话语范式，建立在中国文化和哲学传统的基础上，关注着构建和谐社会和建设中国生态文明的重大使命。中国生态文明话语包括对生态价值的传承、推广以及创造性解读和拓展。

语言可以分为两类：一类是指语言系统（system of language），如汉语、英语、日语等；另一类是指语言运用（language performance），包括书面和口头用语（de Saussure, 2011）。生态话语作为语言的一部分，属于后者。Stibbe（2015）根据生态价值观将生态话语分为三类，即有益话语、破坏性话语和矛盾话语。有益话语是传递与某些生态哲学一致的价值观的话语，包括珍惜生命、健康、现在和未来、关怀生态、环境容量、社会公正等。破坏性话语是指传递与上述生态哲学相悖价值观的话语。矛盾话语可能包含以上两种情况。有益话语和破坏性话语都有分析的价值。而 Hajer（1995）从政治角度提出了环境话语这一类似术语，即关于环境政策的话语系统，或者是关于环境的政治话语。

话语的输入会影响人类的思想（Whorf, 1956），反过来又会促使人类调整与外部世界打交道的行为方式。Jackendoff（2019）指出，从个人与外部话语的接触到一个动作的执行，有三个步骤（图 2-1）。

图 2-1　语言中涉及的意识表征层次

其中，"听觉表征—语音表征—句法表征"过程对应于语言过程；"概念表征—知觉表征"对应于认知过程，即思维；"运动表征"对应于行为过程。语言和认知过程都是双向的，表明认知受到输入话语的影响，会决定个人将对外输出怎样的话语。除了 Jackendoff（2019）的研究，其他研究也证实了语言使用对人类行为的影响。例如，Lien 和 Zhang（2020）发现，将来时的语言标记对说话者的行为有影响。Kouchaki 等人（2019）的研究对比分析了工作场合中使用客观话语（impersonal discourse），如对员工或成员进行指称，和使用个人话语（personal discourse），如"我们"，发现话语会影响个人对集体的感知，进而导致不同的行为倾向，如不诚实行为。Goatly（2002）通过对巴西街头儿童描述话语的研究，发现语言隐喻可以影响思维，甚至合理化一些行为。在巴西，街头儿童经常被形容为"肮脏的害虫"，相应地，警察和敢死队针对他们的活动被形容为"清除害虫""清扫街道"和"清除垃圾"等，这类隐喻让他们赢得舆论的支持。这说明很有必要就生态话语如何通过生态认知与生态行为的相互作用以产生社会和环境影响开展实证研究。

此外，本研究还采用了批评话语分析对话语的定义：话语是社会互动的一种形式，也是社会认知的表达和再现。王晋军（2015）研究发现，语言学领域对话语的研究出现了明显的转向，即"从关注话语的结构到关注话语的功能，再到突出话语的社会性"。有鉴于此，本研究对话语的研究也相应地更加聚焦于语言使用各方的权利和关系，从历史、社会和文化等视角来理解话语的意义建构。

话语是社会建构的产物，包括政治话语、学术话语、医学话语等不同的类别（徐赳赳，2005）。本研究的研究对象是生态文明话语，即生态话语。需要指出的是，不同的语言学家从不同的理论视角来理解这一概念。比如，环境话语和生态话语经常被视作同义词替换使用，也有学者使用绿色话语（greenspeak）这一说法。中国学者认为"生态"融合了科学和哲学理念，特别契合中国传统的"天人合一"观念（郑红莲，王馥芳，2018）。

此外，Alexander 和 Stibbe（2014）提出，所有的话语在某种程度上都与生态系统有一定的相关性。他们认为"生态话语"不仅涉及与"生态"相关的各种话语，还包括所有与"生命可持续性"有关的内容，如天气预报、政府工作报告等。生态话语是人类社会中关于自然及人与自然关系的全部知识体系的总和。因此，对于生态话语的研究应该涵盖所有相关话语的讨论，而不应仅涉及生态环境议题，例如气候变化、生物多样性减少等。

鉴于上述争论，本研究采用"生态话语"这一内涵更为丰富和广泛的术语，不仅指关于生态问题的话语，还包括可能对生态系统产生影响的话语系统，因为所有话语都对人类行为产生影响，而人类的行为反过来又会对生态系统产生影响。在 2023 年第 9 个中国环境日，中国提出要"建设人与自然和谐共生的现代化"。其中"和谐共生"就是一个典型的生态话语。关于生态话语的界定，学界也有多种观点。从狭义上来说，生态话语应为介绍一个国家特色的生态理念、制度等的对外话语；从广义上来说，生态话语可以解释为由一个国家及其国际环境所塑造的所有有关生态系统的话语。对东方语境下的生态话语的研究仍然存在很多不足，很有必要在中西方之间建立跨文化的生态话语对话，消除话语霸权，促进生态话语和谐共生、互惠互利。

2.1.2　生态话语分析

生态话语分析（ecological discourse analysis）的起源可以追溯到韩礼德于 1990 年的一次著名演讲，他在演讲中提到环境问题绝不仅是科学家们的问题，而是人类社会的共同问题，应用语言学家也应该在其中发挥作用（Halliday, 1990）。具体而言，生态话语分析是在生态哲学的指导下，运用一定的研究方法或功能语言学理论，对话语的生态性，包括有益性、破坏性、模糊性 / 中性等进行分析，旨在揭示语言对自然和社会环境的影响，从而引导人们调整自身的生态意识和生态行为，实现人与自然、人与社会、人与自身的和谐共处。

生态话语分析包括对生态话语的分析（analysis of ecological discourse）和对话语的生态分析（ecological analysis of discourse）（赵蕊华，黄国文，2017），需要区分这两个概念。Alexander 和 Stibbe（2014）对"话语的生态分析"给出如下定义：对任何可能影响人与自然关系的话语的分析。而对生态话语的分析指的是：对与生态问题相关的话语的分析，如气候变化、环境污染、野生动物保护等（Goatly, 2002）。本研究更多关注的是后者。

2.2 中国对外话语相关研究

2.2.1 中国对外话语的传播研究

我知道你认为你理解了我说的话，但我不确定你是否意识到，你听到的并不是我想表达的。

——艾伦·格林斯潘

中国已经成为一个经济大国，并一直在努力提升在国际舞台上的政治影响力。但是，整体上来说，全球外交领域依旧为西方国家的话语所主导。越来越多的中国人意识到，中国在全球舞台上的影响力和形象不仅取决于其经济成就，可能在更大程度上，取决于中国能否打破西方对国际舆论话语权的主导，发出自己的声音，说出自己的故事，在国际议题上提出中国主张、中国方案。

对外话语作为机构主体在专业和公共领域的交流媒介，旨在实现一个国家的外交政策目标。中国的对外话语包括三个维度：如何说话（语言方面）、怎样理解（认知方面）和实现何种目标（语用方面）。而话语权也成为新时期中国必须要解决的一个重大问题。澳门大学的王建伟教授在文章中指出，习近平主席多次强调要加强中国在国际关系中的话语权，而这种话语权长期以来被西方国际关系概念和理论所主导（Wang, 2018）。

2015 年，澎湃新闻发表了《为什么中国的外交话语这么难懂？》一文，其中提到国际关系学者张峰提出了西方和中国对国际世界观的描述不一致的问题。张峰认为双方在语言、认知和语用层面缺乏相互理解。从社会语言学方面来看，中国的对外话语容易出现语义模糊或晦涩难懂的情况。例如，中国领导层所倡导的"新型国际关系"的核心是"合作共赢"，但是该概念的语义本身是偏模糊的，并没有明确中国外交将采取什么行动。在张峰看来，其他话语公式，如义利观（viewpoint on justice and interests）、命运共同体（community of shared future），也需要更加明确的定义和解释。认知方面，张峰认为对中国外交话语缺乏理解并不仅是因为汉语难，毕竟西方有相当多的人非常了解中文和中国文化。中国人强调集体，相反，西方人强调个体。比如在提及"一带一路"等国际倡议时，中国官方经常会在话语中使用"共"字，如共商、共建、共享。因此，当我们说中国的崛起是一件可以惠及整个世界的好事时，西方人基于其个人主义世界观认为这一宣言带有欺骗性质，甚至有掩盖自私动机的意图。语用层面上来看，张峰认为中美之间表现出来的误解最为突出。例如，在2018年贸易战开始之前，中国希望与美国建立一种"新型大国关系"（a new model of major-country relations），强调三个方面：

（1）不冲突不对抗（no conflict and no confrontation）。美国人可以理解这个话语，但他们对它的可行性保持怀疑。

（2）相互尊重（mutual respect）。对各自选择的社会制度和发展道路、核心利益和重大关切保持尊重。美国人也能很好地理解这个话语，但他们不能接受，因为他们认为中国的某些切身利益会损害美国的战略利益。在他们看来，如果这个前提被接受，这将是对中国外交的一大让步。

（3）合作共赢（win-win cooperation）。在追求自身利益时兼顾对方利益，共同发展。美国人不太能够理解这种说法，因为它没有解释中国寻求实现的目标是什么。因此，他们认为这个前提是空洞的，没有实质内容，不值得任何反应或认真考虑。

张峰认为这种话语上的互不理解带来的结果就是，需要大量的实际外交活动才能使这种新型大国关系的内涵产生真正的意义。张峰也提出通过恰当理解伙伴的心理特征，可以弥合这种交际上的"差距"。当涉及自身的利益时，美国人的理解力最强，因此，与他们交流时，应当先将利益分配事项提上日程。此外，也需要考虑交际伙伴的特点，来决定采取何种话语策略，以及何时进行交流。世界应该理解中国，与此同时，中国也应该尽最大努力寻求世界的理解。说服力是国家国际影响力的一个要素，也是中国对话话语追求的目标。

复旦大学国际关系与公共事务学院教授苏长和也表示，在国际交流中，人们经常听到国外的人无法理解中国官方的政治或外交话语，他们认为这些话语空洞而缺乏实质内容。但是苏长和（2015）认为，话语体系是建立在国际语言、政治观念、术语、名称基础上的，是一个国家文化主权的要素，而一个国家必须捍卫自己的主权，用自己的语言表达自己。话语理解不当的问题是由语言差异引起的，属于跨文化交际的范畴。然而，当不同的文化交流时，他们对于彼此或强或弱的影响力也会发挥作用。一个强大文化的话语对于受过教育的阶层具有很强的吸引力。因此，西方对于中国话语的不理解并不是中国政治和外交话语的历史缺陷，而是反映了西方话语的霸权，以及其支持者不愿意理解中国话语的特点。中国的对外话语并不难理解，比如俄罗斯等国家对中国话语就不存在理解问题。中国的对外话语，如"新型大国关系""合作共赢"，并不比美国的外交术语，如"shareholders and stakeholders"（股东和利益相关者）或"co-evolution"（共同进化）更难理解。

一个国家对外话语的传播情况直接影响该国的国家形象。对内而言，国家形象指公众对一个国家的行为、特征和精神的抽象认知，反映了公众对一个国家的整体评价和解读（Xue et al., 2015）。对外而言，国家形象反映了国际社会对一个国家的集体认知和评价（Boulding, 1959）。国内外公众对一个国家的动态评价就构成了一个国家的形象。正面形象可以最大程度地避免国家间出现重大摩擦，而负面形象有可能将小冲突放大许多倍（Ramo et al., 2008）。

国家形象不仅包括一个国家的自我认知，还包括国际体系中其他主体的评价（Boulding, 1959）。而新闻媒体在塑造国内和国际公众对一个国家的看法方面发挥着重要作用，是塑造国家形象的重要手段。以往关于新闻话语中的中国形象研究主要聚焦于国家形象的具体表现、形象构建的过程，以及所构建的形象的公众接受程度。

为了获得对中国国家形象的全面和历时性理解，学者们（Kim, 2014; Zhang & Wu, 2017; Yuan et al., 2022; Zhang, 2022）基于语料库，采用批评话语分析（critical discourse analysis）方法，通过考察语料库中与特定词语相关的搭配和其他重复出现的语言模式，分析国家形象塑造呈现的普遍性和代表性特征，进而对中国的形象和身份建构进行系统的话语分析。部分学者对中国特色话语关键词的国际传播情况进行了个案研究。例如，唐青叶和申奥（2018）基于LexisNexis 新闻数据库，探析了国外媒体对"一带一路"话语的情感态度变化及其原因；孙吉胜（2016）对比分析了"中国崛起"相关话语在国内外媒体上的阐释。廖小平和董成（2020）着眼于中国生态文明话语在国际传播中遭遇的挑战与困境及其深层影响因素。考虑到国别立场的问题，国外学者鲜少直接对中国对外话语体系进行研究，但是一些著作或评论间接论述了对相关问题的思考。Luttwak（2012）认为西方社会对于中国的崛起更多的是感到焦虑甚至警惕，媒体报道也是立场纷杂，造成普通民众容易误解中国话语。研究发现，在外国媒体的报道中，中国的形象塑造往往偏否定、消极，带有"好战的阻挠力量"和"地缘政治威胁"等特征（Zhang & Wu, 2017）。相反，中国自我形象塑造着重体现和平、责任和友好的民族特点，特别是在国际重大事件的媒体报道中，如奥运会、"一带一路"倡议，以及抗击新冠疫情。这说明中国生态文明话语的实际传播效果还有待提高。在这方面，唯有通过加强中国语言和文化的研究，来促进中国和西方之间的相互理解，避免沟通障碍和失败。

中国的对外话语和概念也可以丰富国际话语体系，比如"和平共处五项原则"（Five Principles of Peaceful Coexistence）、"一带一路"（Belt and Road Initiative）、"协商民主"（representative democracy）等。随着中国影响力的提高，话语也会随之不断优化，中国式的话语范畴和观念也会转变为国际常用的范畴和观念。这样一来，理解中国对外话语的问题自然就会消失了。米歇尔·福柯说过，"话语就是力量"。外交话语牵涉到国家的利益，随着中国寻求重新定义和解释国际关系的概念、思想和规则，西方将使用一切手段试图维持其在国际话语中的力量，包括假装不理解、抱怨和指责等（徐进，2015）。

只有外部世界的理解才能帮助话语被识别并转化为外交政策的软实力，必须要承认，当前中国的对外话语在世界上缺乏准确和集中的传播。生态环境是备受关注的全球议题，很有潜力成为我国争取国际环境议题话语权的前线。2020 年 9 月，中国提出了 2030 年前实现碳达峰、2060 年前实现碳中和的目标，获得了国际社会的广泛关注和赞扬，为中国日益走近世界舞台中央，宣介关于生态保护的中国主张、中国智慧、中国方案，在全球事务中发挥更大作用创造了良好的政治和政策基础。因此，中国应当在做好生态环境保护工作的同时，更加广泛参与国际生态话语的互动，构建属于自己的生态话语体系，打造一个可亲、可爱、可敬的生态大国形象。为此，可以从自身出发，在中国对外生态话语体系的构建和传播上发力，提高中国对外话语的海外接受度和认可度。

2.2.2 中国对外话语的翻译研究

通过对中国知网中文数据库进行检索（检索条件：篇名 = 生态翻译，检索截止时间：2024 年 3 月 20 日），得到 2189 条结果，剔除其中与生态翻译学直接相关的结果后，得到 375 条。从知网检索结果的可视化分析来看，相关研究整体呈现稳定增长的趋势，虽然在 2022 年出现回落，但是 2023 年又恢复到较高水平（图 2-2）。

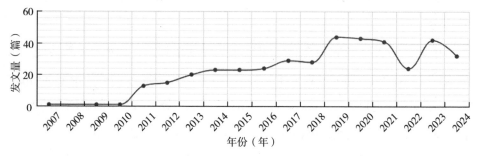

图 2-2　中国对外话语翻译研究年度发表趋势

从主要主题分布来看，前五大主题分别为生态翻译、生态翻译理论、翻译观、文化负载词和翻译策略，关键词中少见语料库等定量分析方法（表 2-1）。由此可见，学界对生态翻译的研究热度不断上升，但是结合大型语料库来研究中国生态文明话语翻译和传播的研究还比较少。

表 2-1　中国对外话语翻译研究主题分布

主题	文献数（篇）	主题	文献数（篇）
生态翻译	169	文化负载词	12
生态翻译理论	84	翻译策略	12
翻译观	14	生态翻译行为	12

续表

主题	文献数（篇）	主题	文献数（篇）
生态翻译教学	11	三维转换	7
公示语	10	理论视域	7
字幕翻译	10	非物质文化遗产	6
外宣翻译	10	《生死疲劳》	5
翻译教学	9	当代英语	5
旅游文本	8	公示语英译	5
策略研究	8	《当代英语教学变革与生态翻译理论探究》	5

　　对外话语的翻译研究与普通翻译研究有着本质上的区别，主要在于普通翻译研究更多的是关注语言文字层面，而生态文明话语等对外话语的翻译研究，除了研究生态语言，还要探究其对外传播效果。全球化大背景下，世界各国相互联系和彼此依存比以往任何时候都要紧密，生活在"地球村"的人们之间语言交流的需求也越来越大。另外，随着翻译研究的文化转向，翻译的功能已经从单纯的语言层面上的转换转变为动态的文化联结，突出其跨文化交际的定位。

　　在文化全球化的背景下，文化差异的翻译成为一个核心问题。作为跨文化交流的桥梁，翻译在本质上似乎是自相矛盾的，既促进又阻碍全球化。全球化模糊了民族和国家的界限，构建了一个相互联系、彼此依存、紧密联结的国际社会。而全球化趋势中产生的文化普遍性使翻译成为可能，但不同文化背景的特殊性也带来了不可译性。翻译通过促进来自不同文化和语言背景的人们之间的自由交流，进一步加深了全球化。全球经济一体化确立了英语作为国际通用语的地位，加上中西方交流愈加频繁，对中英翻译的需求不断增长。从这个意义上说，翻译在全球化背景下的重要性是显而易见的，可视作当今全球交流的关键基础设施。

　　学术界普遍认为，翻译可能成为政治角力的工具。Venuti（2000）指出，翻译总是意识形态的，因为它释放了与历史和社会地位相关的价值观、信仰和表现的言外之意。Lefevere（1992）也分析了翻译和政治权力之间的关系，并指出如果语言的考虑与意识形态的考虑发生冲突，后者往往会胜出，因此翻译是在许多限制下进行的，在某些时候，语言甚至可以说是最不重要的。全球化提供了一种全新的视角来看待世界上的权力关系。在这一过程中，软实力成为国际竞争的一个重要方面，引用创造这一术语的Nye（2004）的话，软实力是"在世界政治中取得成功的途径"。软实力的理论基础可以追溯到1977年出版的具有里程碑意义的国际关系理论经典《权力与相互依赖》，该书考察了"强权政治"和"复杂相互依存"之间的关系。从当时的"相互依存"到如今的"全球化"，当代全球背景下各国之间的联系日益紧密，而传统实力不再像以前那样有效地发挥作用，自然需要一种新型力量，即软实力。全球化为软实力的发展提供了基础。随着经济一体化和技术进步，世界正在形成一个共享的社会空间，一个国家或地区的发展可能会对其他国家或地区产生深远的影响。在这种背景下，传统硬实力在施加影响时面临越来越大的阻力，特别是在"9·11"事件等恐怖袭击之后。因此，许多影响不再反映在直接的武力对抗上，而更多的是一种感知和认知的影响，这就更加凸显了文化软实力的重要性。

"软实力"的概念来源于一个简单的二分法，即将强制力定义为硬实力，将吸引力定义为软实力（Nye，1990）。软实力有三个参数，即文化、政治价值观和外交政策。该概念于20世纪90年代引入中国，众多学者争相研究，在使用这些参数的基础上，特别关注文化在国家软实力战略中的作用。文化是中国软实力战略的核心，"软实力"的概念被重新定义为"文化软实力"，而翻译在中国软实力战略中的重要作用为广大决策者和学者所认同。

中国许多政府高级官员从战略高度强调了翻译与软实力的重要性。2009年召开的中国翻译协会第六次会员代表大会上，中国外交部前部长唐家璇从增强国家软实力的角度强调了翻译的重要性，时任国务院新闻办公室主任王晨宣称软实力的增强和国际交流能力的提高密切依赖于翻译的发展。在2022年召开的中国翻译协会第八次会员代表大会上，中国外文出版发行事业局局长杜占元提出要推进习近平新时代中国特色社会主义思想对外译介，全面加强国家翻译能力建设。翻译对于促进中国与世界融合的文化战略具有重要意义，因此翻译的文化维度的重要性日益突出。中国的发展和形象建设在很大程度上依赖于文化软实力，而软实力问题首先是一个翻译问题。历史上，大规模的翻译活动总是出现在重大的历史转折点或危机时期。而当今世界，随着经济一体化和文化融合日益加深，翻译和翻译技术正以前所未有的方式蓬勃发展，翻译几乎渗透到现代生活的方方面面。

正如前文所述，翻译不仅限于语言转换，更是一种跨文化交际。通过干预叙述和复述的过程，翻译可以视作构建身份和文化交流的重要手段（Baker，2013）。一方面，翻译充当文化间的中介，因此在形成任何语言表达之前，考虑文化语境是至关重要的；另一方面，翻译与政治行为和意识形态密切相关，翻译研究的文化和意识形态转向使翻译过程自然地成为政治舞台，将语言之战转变为政治之战。在中国长达一个世纪的西化和民族解放斗争中，汉语在很大程度上受到了影响，其根基被削弱了，而最近的全球化进程无疑加剧了这种困境，英语依然在东西方交流中占据主导地位。从这个意义上说，当前从直接借用转向直译这一翻译策略的转变，进而净化汉语的运动，可以看作是一种文化重建的努力。近十年来，中国一直对英语的渗透及其对中国语言和文化的负面影响保持警惕。由于担心汉语会从一个独立的表达系统转变为多种语言的混合，自2010年4月起，中国国家广播电影电视总局（现与新闻出版总署合并组建为国家新闻出版广电总局）下令在全国范围内禁止在大众媒体中使用外来词，旨在重燃公众对中国传统文化的兴趣。这一举措导致某些词的翻译策略发生了重大变化，即以前经常使用的直接借用翻译策略不再适用，引进的外国缩略语如 NBA、GDP、WTO、BBC、WTO 和 NATO 不应出现在电视节目和正式出版物中。主流舆论也接受了政府的立场，并同意保护语言的纯洁性是维护国家综合国力的重要工具。从翻译策略的角度来看，"抵制和选择性接受"应被视为对外国文化价值观的积极反应，因为除非基于某种程度的抵制而不是不加选择地接受，否则不可能进行重建。

同时，翻译过程中建构与解构之间的关系是相互的，即在这种语言转换和文化交流的互动过程中，翻译既将一方的文化元素带入另一方的领域，同时又引入了另一方的元素，这导致了翻译中文化身份相对性的争论。从这个意义上说，翻译既有利于翻译文化，也有利于被翻译文化，通过这种动态互动的过程，其中涉及语言和文化的比较，有利于发现更多的文化共同点或文化共性。在全球化趋势下，没有一种文化是以牺牲其他文化为代价而消亡的，相反，通过合理的文化战略，全球化增加了不同文化之间的相互依存和相互联系，反过来又可以促进多种文化的繁荣共存。

关于生态文明话语研究，既往学者主要基于批评话语分析视角（如Fairclough & Wodak, 1997; Van Dijk, 1993），剖析他国新闻话语中显性或隐性的结构关系。具体来说，一类是新闻学和传播学视角（Castillo & Lopez, 2021; 郑保卫，杨柳，2019），强调可以引导本国媒体加大国际传播力度，塑造国家正面形象；另一类是语言学视角，如从批评话语角度（许峰，高意，2023; Carvalho, 2005; Collins & Nerlich, 2014）和生态话语角度分析目标话语的语言特征，探究语言如何帮助所在国构建在气候变化议题中的国际话语权。苗兴伟（2023）分析了《人民日报》中生态报道的话语。其他学者借助评价理论（杨阳，2018）、趋近化理论（张慧，林正军，董晓明，2021）、框架与隐喻理论（O'Neil et al., 2015; Norton & Hulme, 2019）等，研究具体新闻语篇的生态话语。

对外翻译本身就是一种文化输出。一些学者从文化输出角度，审视了翻译在文学输出和文化品牌中的价值（Tanti et al., 2017; Iwabuchi, 2015）。国内方面，不少学者开始研究翻译和国家形象建构之间的关系，并探讨如何提升中国话语权（胡开宝，田绪军，2018）。有学者从断代史和历史个案角度研究中译外现象，但是多以文学为研究对象，如张威和雷璇（2023）对《芙蓉镇》英译本在海外的接受度进行了个案调查，张丹丹（2022）以《红楼梦》为例初探了20世纪华人学者对中国文学的翻译情况。外交话语的翻译研究热度近几年也迅速上升。胡开宝和张夏晨（2021）对中国外交话语的核心概念和传播现状等进行了梳理和综述。张威和李婧萍（2021）对这类话语翻译和传播的研究进行了回顾和展望。更多的学者聚焦于微观层面的翻译问题，包括翻译原则、策略方法和文本语言特征（杨倩，刘法公，2023）。

翻译可以成为国家外交和形象建设的有力工具。"中华民族伟大复兴"是中国共产党第十八次全国代表大会提出的宏伟目标，也是中国的第二个百年奋斗目标。为了实现这一目标，文化如同"民族的命脉"，重要性不言而喻。中国必须增强文化软实力，让文化引领社会潮流，教育人民，服务社会，促进发展。全球化时代，公共外交，即政府利用文化吸引力在其他国家形成有利的公众舆论，有利于国家更有效地追求国家利益和扩大国际影响力。而公共外交涉及跨语言和跨文化的交流，翻译自然而然成为公共外交的重要工具和构建积极国家形象的重要媒介，以一种微妙和可持续的方式影响外国受众。

就公共外交中的翻译而言，翻译策略和译文质量对交际效果有很大的影响，从而对国家形象产生积极或消极的影响。根据 Lasswell（1948）提出的 5W 传播模式，交际效果在很大程度上受受众的影响。因此，开展翻译工作时需要译者更加关注目的语受众。

随着中国经济的快速发展，中国在国际舞台上的重要作用也愈加凸显。然而，由于缺乏有效的全球传播战略，国外受众对中国的声音还普遍存在忽视、误解的现象，甚至出现了"中国威胁论"。正如 Nye（2004）所指出的，当一个国家的文化包含普世价值观，所推行的政策也促进其他国家共享的价值观和利益时，它就更容易获得预期成效，因为它创造了吸引力。充分利用中国的文化吸引力成为平衡国家政治宣传和经济扩张造成的不良影响的一种手段。自2001 年中国文化"走出去"战略启动以来，通过翻译将中国图书、电视节目和电影引入国外市场成为提升中国国际形象的主要渠道之一，并逐步取代了传统的直接而无效的宣传方式。例如，德国作家马丁·瓦尔泽获诺贝尔文学奖后接受采访时说道，阅读莫言的故事是了解中国的理想方式，比读任何关于中国的官方报告都好得多。中国出版集团原总裁聂震宁表示，通过出口翻译文学作品向外国公众讲述"中国故事"是加强外国对中国了解的好方法。与此同时，自2004 年以来，孔子学院在世界各地的建立和迅速发展，在推广汉语以及培养中英双语者和潜在的翻译员方面也取得了不错的成绩。中国通过翻译的"魅力攻势"可以很好地缓解一些政治争端的紧张局势，并以微妙但建设性的方式扩大其国际影响力。

另外，翻译可以促进对中国的理解和中国价值观的输出。翻译不可避免地具有意识形态和政治色彩，在一定程度上充当了为文化和政治议程服务的一种"文化过滤器"。在全球化背景下，有效的外宣翻译对于提高中国的全球话语权至关重要。不同文化的碰撞和不同意识形态价值观的竞争在翻译中是很常见的，为此在国际交流过程中，翻译不仅需要以更加恰当的方式传达意识形态倾向，更要不断调整以适应新读者不同的期望。例如，在 2014 年 7 月 17 日马来西亚航空公司发生 MH17 客机灾难后，各大新闻头条在翻译中就表明了不同的政治立场。中外媒体针对该事件也进行了报道（表 2-2）。

表 2-2　中外媒体针对马航 MH17 事件的报道标题

媒体	时间	新闻标题
新华社	2014 年 7 月 18 日	China calls for independent, just, objective probe into MH17 crash（中国呼吁对 MH17 坠机事件进行独立、公正、客观的调查）
《中国日报》美国版	2014 年 7 月 18 日	Shock, fear and sadness after MH17 crash（MH17 坠机后的震惊、恐惧和悲伤）
《环球时报》中文版	2014 年 7 月 24 日	Exploring several puzzles on MH17 crash, why U.S. reluctant to provide satellite imagery（探索 MH17 坠毁的几个谜题，为什么美国不愿提供卫星图像）
英国《卫报》	2014 年 7 月	Malaysia Airlines plane MH17 "shot down" in Ukraine（马来西亚航空公司 MH17 飞机在乌克兰被"击落"）
美国有线电视新闻网	2014 年 7 月 18 日	U.S. official: Missile shot down Malaysia Airlines plane（美国官员：导弹击落马来西亚航空公司的飞机）
日本《外交学者》	2014 年 7 月 18 日	Malaysian Airlines Flight MH17 Shot Down Over Donetsk, Ukraine（马来西亚航空公司 MH17 航班在乌克兰顿涅茨克上空被击落）

从上述例子可以看出，一些外国媒体在事件发生后不久就轻率地下结论，

认为马来西亚航空公司 MH17"被击落",而中国主流媒体在更多调查结果公布前选择了一个更为中性的表达"坠毁"。很明显,部分媒体在这种情况下,进行了焦点转移。正如 Martin 和 White(2005)在评价理论的框架内所定义的,评价理论是一种借助语言进行评估和立场表达的方法,包含三个子系统:态度、介入和极差。应该指出的是,中国主流媒体巧妙地使用了"坠毁"而非"击落"一词,传达了中国在这个问题上的中立立场。从极差的角度看,"坠毁"与"击落"相比,进行了焦点的弱化,一定程度上也反映了当时中国与俄罗斯的战略合作伙伴关系,特别是考虑到中国需要平衡美国在该地区的影响力。因此,可以说使用恰当的翻译策略是捍卫国家利益的一种方式。

翻译在输出政治价值观方面也发挥着重要作用。以钓鱼岛问题为例,不同的翻译代表了不同的政治立场。翻译上的较量成为支持中国维护自身领土权益的一种软方式,也代表着中国媒体试图让中国的声音被听到。使用"钓鱼岛"和"尖阁列岛"作为关键词,在三个不同的时间点在谷歌中搜索,根据搜索结果的数量,钓鱼岛及其附属岛屿在日本被称为尖阁列岛(Senkaku Islands),而外国媒体也大量使用"尖阁列岛"的说法。考虑到英语不是中国的官方语言,谷歌上搜索"钓鱼岛"和"尖阁列岛"的结果几乎平分秋色,这说明尽管中国媒体在这一问题上付出了艰辛的努力,但在国际社会推广"Diaoyu Islands"这一译名并使其为外国公众所接受仍是一项具有挑战性的任务(Wu, 2017)。

总之,我国在全球传播领域还有很长的路要走,需要借助翻译进一步推广中国的价值观。翻译对一个国家的全球传播战略至关重要,这种互惠关系赋予了翻译这一文化调解员新的身份,即软实力。当文化冲突取代军事斗争,成为当今国际冲突的主要诱因时,软实力因其在处理全球事务中的微妙性和有效性而被视作是一种更强大的力量。中国经济的快速发展无疑受益于全球经济一体化。然而,与其令人印象深刻的经济表现形成鲜明对比的是,中国的文化影响力长期以来一直遭到限制和边缘化,这阻碍了中国国际影响力的进一步扩大。正如上海大学外国语学院副教授吴攸认为的那样,困扰中国的文化逆差的困境在很大程度上是一个翻译问题(Wu, 2017)。因此,在全球化的语境中重新定位和调整本土文化是一个必然的过程，在这个过程中，翻译对本土文化走向全球的重要性不言而喻。换言之，在当今以经济一体化和文化交融为特征的世界，翻译作为软实力的作用非但没有被边缘化，反而在防御性和建设性层面上得到了加强。而且基于翻译作为一种防御性软实力，在全球化的语境中，绝对非政治化和非利益化的翻译文本几乎不存在，通过在抽象的意识形态领域和具体的文化贸易领域实施新的翻译策略，可以有效抵抗"文化帝国主义"，逆转"文化逆差"。然而，正如不加选择借用外语文化会对接受国的文化有害一样，不加批判地抵制也会让中国陷入"闭门造车"的局面，因此两者都不可取。

因此，需要在考虑全球视野和本土根源的基础上，借助翻译来重建文化身份，提升国家形象，扩大国际影响力，增进世界对中国的理解，甚至输出中国的文化价值。在中国近代史上，翻译作为一种"革命力量"促进了社会进步；在当今的全球化时代，翻译可以作为软实力，在不同的文化间进行调解，推动中国文化"走出去"，最终实现中华民族的伟大复兴。

2.3　现有研究存在的不足

综合来看，虽然生态环境问题引起了全球的关注，已经有一些学者对中国的生态大国形象进行话语研究，进而阐明话语背后的中国传统生态哲学。但是总体而言，中国生态文明话语的翻译和传播研究还有较大提升空间，存在以下问题：

（1）研究方法上，以宏观概述或理论研究为主，定量研究较少。

（2）研究范围上，多为个案或小规模样本分析，较少有基于大型数据库的整体描述和分析。

（3）研究内容上，多围绕文学、文化和外交话语翻译的探讨，对于生态文明话语这一国家形象重要载体的翻译着力不多；侧重单一国家的生态文明话语，中外生态文明话语的对比分析较少。

建构中国生态文明对外话语体系需要借助翻译这一文化"软实力"，为此有必要从翻译的角度探讨我国有关生态治理和生态文明建设的话语官方英译，特别是其在主流英语媒体中的接受程度以及深层影响因素，进而探究更为有效的生态文明话语翻译策略和传播路径。

第三章

理论框架与研究设计

本章主要介绍研究的理论基础、分析框架及观察语料。首先，简单介绍批评话语分析的发展历程、理论基础、核心概念和观点，然后分别重点阐述话语三维概念模式、社会认知分析和话语－历史分析（discourse-historical approach）。其次，在批评话语分析视角下分析生态话语和相关翻译实践之间的关系，以期说明可以用批评话语分析这一超学科研究视角来对生态话语翻译进行研究。再次，介绍生态价值、生态哲学观、国家翻译实践、新闻翻译和编译等与本研究有关的概念。最后，介绍本研究的方法论，即语料库技术辅助的话语分析法，以及语料库数据采集与加工的过程。

3.1 理论基础

3.1.1 批评话语分析

批评话语分析于 20 世纪 70 年代末到 80 年代初兴起，是新闻语篇研究中广受研究者们认可和应用的一种研究方法。代表人物 Norman Fairclough，Giinther Kress，van Leeuwen，Van Dijk，Ruth Wodak，Michael Meyer 等应用社会批评理论和系统功能语言学理论，从各个角度对新闻语篇的意识形态进行了探讨（吴格奇，2019）。东英吉利大学的语言学家首先在《语言与控制》（*Language and Control*）中提出了批判语言学的概念（Fowler et al., 1979）。后来，Fairclough（2001）在《语言与权力》（*Language and Power*）中提出了批评话语分析的理论和方法。在后现代主义的影响下，一批学者开始结合话语分析与社会批评理论。

值得一提的是，批评话语分析与系统功能语言学渊源较深，在语言层面的分析上依赖于韩礼德的系统功能语言学。韩礼德在其 1978 年出版的《作为社会符号的语言：从社会角度诠释语言与意义》（*Language as Social Semiotic: The Social Interpretation of Language and Meaning*）这一论文集中，提出语言是一种社会符号，人们使用语言可以实现在特定语境中表达意义的目的。他建议将语言研究的焦点从语言结构转移到语境上来，可以从语篇的及物性结构、语气、情态及主述位结构特点等语言资源来解释语篇的社会意义（Thompson, 2014）。

　　然而，从批评的角度来看，原来的方法有自身的局限。比如，语言学将语言描述为一种潜力、一个系统、一种抽象的能力，而不是试图描述真实的语言实践（Fairclough, 2001）。另外，索绪尔提出了语言和言语的概念，语言学主要关注的是语言而非言语。索绪尔还创造了"共时"和"历时"两个概念，提出"共时"是语言的状态，"历时"是语言的演化，但是他强调共时研究，认为语言单位的价值取决于它所在系统中的地位而不是它的历史，为此他建议语言学家排除历史的因素，着力阐述语言的静态系统。

　　Fairclough（1993）对此进行了反驳，指出语言是由社会塑造的，他认同社会语言学，强调语言是在社会范围内使用而不是个人形成的，聚焦于社会变量，并表明语言形式的变化（语音、形态、句法）和社会变量（参与者之间的社会关系、社会环境的差异、话题的差异等）之间存在系统关系（Fairclough, 2001）。不过，虽然社会语言学描述了变异的事实是什么，但它未能解释这些事实是权力关系和斗争的产物。在此基础上，Fairclough（2001）进一步提出，话语是社会实践的一种形式。这意味着口头语或书面语构成了言语行为的表现，如承诺、询问、断言、警告等。此外，Fairclough（2001）的话语观认为语言是社会的一部分，强调语言和社会之间存在辩证关系。也就是说，一方面，语言现象是社会的，因为互动是由社会决定的，并具有社会影响力；另一方面，社会现象具备语言学意义，因为发生在社会环境中的语言活动是社会过程和实践的一部分，而不只是表达和反映社会。话语还涉及文本生产和解释的过程，而且整个过程受社会的制约。也就是说，话语分析要结合其生产和解释的社会条件，以及所涉及的不同层次的社会组织。

批评话语分析为语言和语篇研究提供一个新视野，基本观点是话语作为现实的反映，也是一种社会实践，旨在通过对文本进行语言学分析和解读，进而揭示其中隐藏的社会意义和意识形态，特别是权力、知识和语言之间的关系。这种分析之所以可行，是因为社会组织依赖语言来建立并维护其权力关系，统治阶级也需要借助语言来开展对民众意识形态的控制。

总的来说，批评话语分析是话语分析的一种形式，并没有一个统一的理论框架，但是在发展的过程中对社会语言学、心理学等学科的理论进行了融合和吸收，因此研究方法比较多元化。批评话语分析关注社会问题、权力和意识形态，强调话语和社会权力之间的关系，试图通过话语分析揭示社会问题并提出适当的解决方案（Fairclough, 2010）。批评话语分析基于社会实践，考察社会中各色各样的话语实践，强调所使用的特定语言蕴藏着意识形态的倾向和权力关系（Fairclough & Wodak, 1997）。通过揭示话语中包含的意识形态，特别是偏见、歧视和事实歪曲，进而阐释这种话语产生的社会条件及其在权力斗争中的作用（辛斌，2005），批评话语分析为观察问题和通过"批评"解决问题提供了新视角。

Wetherell，Taylor 和 Yates（2001）对该分析方法做出了如下评述：这是对谈话和文本的研究。这样一套方法和理论可以用于考察使用中的、有社会语境的语言。话语研究为研究意义提供了新途径，是研究构成社会行动的来回对话以及构成文化的符号和表征模式的一种方法。

Fairclough 的方法常常被称为"辩证关系方法"，以文本为导向，聚焦于语言符号和社会实践其他要素之间的辩证关系。Fairclough 强调利用跨学科的视角结合文本分析和社会分析，原因在于单是文本分析无法实现话语分析的目的，即揭示文本与社会、文化过程和结构之间的关系。互文性分析是文本分析的重点，主要关注文本和话语实践之间的界限，可充当语言和社会语境之间或文本和话语语境之间的桥梁。文本本质上是互文性的，这意味着它们是由其他文本的元素构成的。

另外，话语分析还应考察霸权的因素，强调话语、权力和意识形态之间的相关性。霸权指的是一种将变化与权力关系的演变联系起来的理论化方法，一方面特别关注话语变化；另一方面也考察其如何促进更广泛的变化，并同时受到何种影响（Fairclough, 1993）。霸权是对社会各个领域的统治，包括经济、政治、意识形态等。以特定方式联结的话语实践构成了一种话语秩序，只是这种话语秩序中的要素不是名词和句子之类的东西（语言结构的要素），而是语篇、体裁和风格等。话语秩序可能会随着时间的推移而变化，取决于社会交往中权力关系的变化。Fairclough（2001）还指出，语篇如何按照给定的话语顺序构建，结构如何随着时间的推移而变化，都是由社会制度或社会层面上不断变化的权力关系决定的。这些领域的权力可以控制话语秩序；意识形态就是其中的一个例子，可以确保话语秩序在内部或在社会层面上呈现出协调一致的状态。批评话语分析认为，语言是社会的一部分，贯穿整个社会的建构过程。话语分析的目的是通过分析阐明文本属性与社会过程和关系（意识形态、权力关系）之间的联系，并对其进行批判，这些联系对于文本的生成者和解释者来说通常并不明显，其有效性取决于这种不透明性。

根据 Fairclough（1989）的观点，借助批评话语分析进行研究，意味着要循序渐进，阐述语言与权力之间的关系，分析语言的意识形态功能以及如何通过语言构建个体及社会的身份。Fairclough（1992）进而提出了话语三维概念模式（图 3-1），也就是从文本分析、话语实践和社会实践三个层面，对话语和社会文化因素进行综合分析，从而探讨语言本身、为什么使用这样的语言、语篇的意义、构成意义的过程等问题。

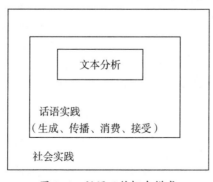

图 3-1　话语三维概念模式

在这一模式中，文本分析指的是对文本词汇、句法和语篇等具体语言特征进行描写；话语实践强调对话语的生成、传播、消费和接受过程进行研究，并试图阐明文本与话语实践之间的关系；社会实践要求解释话语实践与社会文化和语境之间的关系，侧重探讨意识形态和权力关系对话语的影响。2003 年，Fairclough 又对这一模型进行了修订，把话语批评分析具体分成了五个步骤（表 3-1）。

表 3-1　话语批评分析的步骤

步骤	内容	说明
1	关注具有符号学意义的社会问题	从社会问题开始，而不是从更具对话性的"研究问题"开始，产生可以导致解放性变革的知识
2	通过对三个方面的分析，找出拟克服的障碍： a. 它所在的实践网络。 b. 符号学与有关特定实践中其他要素的关系。 c. 话语（符号本身）：结构分析—话语秩序；文本 / 互动分析—互语分析和语言（符号）分析	此处的目的是通过关注障碍，将其克服，分析让它如此棘手的原因，从而理解问题的产生方式以及它如何根植于社会生活的组织方式之中
3	思考社会秩序（实践网络）的问题	这里的关键是要问那些从现在社会生活组织方式中受益最大的人是否对未解决的问题感兴趣
4	确定克服障碍的可能方法	该框架的这一阶段是对第二阶段的重要补充，即寻找迄今为止尚未实现的、可能改变当前社会生活组织方式的可能性
5	认真思考分析以上四点	严格来说，要求分析人员反映他来自何方，以及他本人在社会上的位置

3.1.2　社会认知分析

Van Dijk 是媒体话语批评研究的重要代表，他提出的社会认知分析和 Fairclough 的方法类似，试图将语言的微观结构与社会的宏观结构联系起来。但是 Van Dijk 着重考察介于文本和社会之间的社会认知。他认为社会认知是"社会安排、群体和关系的社会共享表征，以及解释、思考、辩论、推理和学习等心理操作"（Van Dijk, 1993）。Kintsch 和 Van Dijk（1978）区分了文本的微观结构和宏观结构。宏观结构指的是社会群体之间的权力、支配地位和不平等，而微观结构指的是语言使用、话语、口头互动和交流（Van Dijk, 2001b）。

　　Van Dijk（1991）主张从话语分析的角度来解读新闻的话语意义，他认为新闻话语分析既要对主体进行社会学分析，又要对语言进行语言学研究，从而挖掘其中的意识形态。新闻媒体在报道新闻事件时总是会基于特定的意识形态立场，因此新闻报道这一社会实践一定程度上进一步促进、巩固了意识形态的再生产。在种族和民族关系议题上，话语起到了显著的（再）生产不平等的作用。Van Dijk（1991）在研究种族主义与新闻的关系时提出，媒体在再现种族主义和社会不平等权力关系方面扮演了重要角色，有色人种在新闻报道中被边缘化，媒体是"白人权力结构的代表"。有色人种和移民常常被视为问题和威胁，并在媒体上被描绘成与犯罪、暴力、冲突、不可接受的文化差异或其他形式的异常行为相关。根据 Van Dijk（2001a）的观点，意识形态可以决定文本或谈话的所有话语结构，或明确或隐含地呈现出来。他还提出两种主要类型的权力：基于武力的"强制力"，即军事力量、暴力分子的力量等；"说服力"，即基于知识、信息或权威，如父母、教授或记者的力量。

　　Van Dijk（1995）的社会认知模型的话语分析框架中有三个维度：语篇结构、社会认知和社会结构（图 3-2）。与 Fairclough 不同，Van Dijk 认为文本结构和社会结构之间的中介是社会认知，也就是"在社会和文化上共享的信念"，包括知识、态度、意识形态、规范和价值。其中焦点是意识形态，即社会认知的基本框架，由社会群体成员共享，来源于对社会文化价值观的选择，在语言中可以从七个方面体现：话题选择、图式组织、词汇化、文体、修辞手段、局部意义和连贯、含义和预设（吴格奇, 2019）。意识形态实际上是一个思想或信仰的系统，社会团体的成员基于此看待世界并从事社会实践（Van Dijk, 2000）。意识形态系统包含身份、活动、目标、关系、资源、规范和价值观等基本组成部分（Van Dijk, 2011），这些基本组成部分可以进一步分为三个维度：认知结构、社会功能和话语表达。

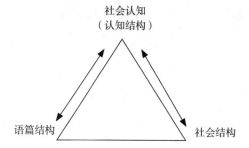

图 3-2 语篇—认知—社会结构三角模型（Hart, 2010）

在认知层面上，意识形态作为社会认知的基本形式之一，界定着群体的身份，影响着群体成员对社会身份和形象的认知。更具体地说，意识形态承载着一个不可或缺的评价维度，包括态度、信念、判断、价值观、规范等，指导群体成员的行为（Van Dijk, 2011）。因此，意识形态可以解释观点和行动的差异，并以不同的方式组织人们和社会。然而，在大多数情况下，意识形态并不直接表现在文本和话语中，而是需要意识形态和话语之间的媒介表征。以我国为例，传统文化价值观和现代政治信仰等意识形态构成了中国共产党推进生态文明的基本语境模型，并形成前文提及的媒介表征。

总之，意识形态被认为是同一事件不同表征的基础，认知在文本和语境之间起中介作用。社会事件与话语实践的关系可以从认知、社会和话语三个层面进行分析。不过意识形态通常被认为是一种片面的视角，与特定群体共享心理表征、信念、观点、态度和评价（Reisigl & Wodak, 2016）。社会认知方法在话语分析中应用十分广泛，特别是适用于当代话语研究，以解决不同的社会和政治问题。例如，该方法可用于研究在特定的社会背景下，不同国家之间如何协商构建自己的民族身份。

中美贸易战的相关报道被认为是具有认知、社会和话语维度的意识形态事件。认知维度与对贸易战的态度有关，可能会产生"我们"和"他们"的两个群体。从社会层面而言，这些报道中所描述的群体身份和关系，与经济利益、权力和统治地位交织在一起，构建了鲜明的民族身份。当然，还可以从语篇维度考察建构民族身份的宏观话语策略和微观语言手段。有研究考察了西班牙三家著名报纸中对移民的语义使用（Del-Teso-Craviotto, 2019），重点关注词语意义与社会意识形态之间的关系，表明媒体话语在形成社会公共认知方面起着至关重要的作用。此外，一些学者从社会认知的角度分析女性主义话语，发现女权主义者在设计口号时运用创造性的话语策略，可以塑造一种充满希望、狂欢和权威的新话语，一定程度上还促进了西班牙社会的性别革命（Romano, 2021）。

Van Dijk（2000）介绍了分析意识形态的四个原则，他称之为"意识形态矩阵"：强调我方积极的方面；强调他者消极的方面；弱化我方消极的方面；弱化他者积极的方面。这样的意识形态矩阵会带来群体内和群体外的两极分化，可以借助以下语言表征进行识别。

①行动者描述：基于我方的意识形态描述我方行动者的方式，例如，将群体内描述为积极的，将群体外描述为消极的。

②权威：提及权威来源以支持我方的论点。

③分类：将人划分为不同的群体，并赋予他们积极或消极的特征。

④词汇化：用词汇营造一个整体的意识形态氛围。

⑤极化：将人们分为群体内和群体外，赋予我方好的属性，他者坏的属性。

⑥模糊：使用没有明确所指的模糊表达。

⑦迫害：通过讲述关于外部群体的可怕故事，强调他们"坏"的本质。

从社会认知角度出发的批评话语分析，重点是研究话语与社会权力之间的关系，其主要目标是描述和解释权力滥用是如何通过占主导地位的群体或机构的文本和话语得以实施、复制或合法化的（Van Dijk, 1996）。根据 Van Dijk（1998）的观点，可以采用以下步骤来分析话语。

①调查话语的背景：冲突及其主要参与者的历史、政治或社会背景。

②分析团体、权力关系和所涉及的冲突。

③识别关于"我们"与"他们"的正面和负面意见。

④明确预设和隐含。

⑤调查所有形式结构：词汇选择和句法结构，以某种方式帮助强化（弱化）

分极的集体意见。

3.1.3　话语－历史分析

话语－历史分析是批评话语分析中的一种，最初是由话语分析家 Ruth Wodak 在研究前联合国秘书长库尔特·瓦尔德海姆政治话语中的反犹太主义刻板印象时提出。后来，Ruth Wodak 和 Martin Reisigl 等人进一步对罗马尼亚移民的种族歧视、奥地利民族身份建构、欧洲的身份建构等进行了相关研究（Wodak et al., 2009; Reisigl & Wodak, 2001; Wodak & Meyer, 2014; Wodak, 2015）。

话语－历史分析强调解决实际的社会问题，研究焦点既包括批评话语分析聚焦的三类关系，即"话语与意识形态""话语、操控与权力"及"话语与社会"，同时更加强调话语的历史语境，特别是历史语境下语篇的互文关系。话语－历史分析可视作一个问题导向的跨学科研究，结合了社会历史研究、政治科学、人类学、经济学和心理学等学科。相关的研究大多涉及政治问题、文化现象或民族认同，对隐性偏见话语及其含义进行分析阐释，旨在从历史的角度解读话语与社会结构的关系。这里的"话语"可以解读为"特定社会行动场域中依赖于语境的符号学实践"（Wodak & Meyer, 2016），包括针对某一问题的不同类型话语；"历史"则要求开展尽可能详尽的历时研究（Van Leeuwen & Wodak, 1999）。借助话语－历史分析来研究，一方面可以突破传统批评话语分析轻历时的限制，另一方面可以对特定主题的身份和形象建构问题进行更加全面的阐释，更具深入性和系统性。

话语－历史分析提出了系统的八大步骤研究法。这八个步骤可以反复进行，也可以结合实际情况进行增删。

①提前准备与激活相关理论知识。

②系统收集数据与语境信息，包括各种话语和话语事件、社会领域，以及参与者、符号媒介、体裁和文本。

③选择与准备用于特定分析的数据。

④明确研究问题，形成相关假设。

⑤ 采用质化、量化方开展先导分析。

⑥ 进行详细的案例研究，以定性研究为主，定量研究为辅。

⑦ 结合相关的语境知识，形成批评并阐释结果。

⑧ 研究分析结果的应用。

该方法认为话语依赖于语境产生意义，语境又包括四个维度：上下文语境（co-text/co-discourse）、互文性关系（intertextual relationship）与互语性关系（interdiscursive relationship），非语言的社会因素及特定"情景语境（context of situation）"的组织框架，话语实践所植根的广泛的社会政治历史语境。

Reisigl 和 Wodak（2001）指出，话语－历史分析可以遵循三维分析框架。

①识别话语主题。识别出给定话语涉及的特定内容和话语主题，从而确定话语实践所属的行为场域，并总结出具体话语的宏观主题和子主题。

②分析话语策略。

③分析话语策略具体的语言表现形式。根据具体语境，考察文本所使用的话语策略以及话语策略具体的语言表现形式。

话语－历史分析的应用主要涉及五种话语策略，每种话语策略的具体目标和方法见表 3-2。

表 3-2　话语－历史分析的五种话语策略及其语言表现形式

策略	目标	方法
提名策略 （nomination）	对社会行为者、物体、现象、事件、过程以及行为的话语建构	a. 成员分类法，包括指示语和姓氏； b. 暗喻、转喻以及提喻等修辞； c. 指代过程和行为的动词和名词
述谓策略 （predication）	对社会行为者、物体、现象、事件、过程以及行为进行积极或消极的话语限定	a. 具有评价性质的积极或消极话语，例如形容词、同位语、介词短语、关系从句、连词从句、不定式从句以及分词从句或词组； 显性述谓或谓语性名词、形容词或代词； b. 搭配； c. 显性比较，明喻、暗喻以及其他修辞（转喻、夸张、反语和委婉语）； d. 暗指，形象重现，预设或蕴意等

续表

策略	目标	方法
论辩策略 （argumentation）	辩解与质询主张的真实性与规范性	a. 惯用语（topoi）； b. 谬论
视角化、框架化或话语再现策略 （perspectivization, framing or discourse representation）	定位发言者或作者观点，表达参与或远离的立场	a. 指示词； b. 直接、间接或自由间接引语； c. 引号，话语标记或小品词； d. 暗喻； e. 生动韵律等
强化/弱化策略 （intensification or mitigation）	改变（增强或削弱）言外之意，进而改变言语的认知或道义地位	a. 指小词或指大词； b. 情态小品词，反义疑问句，虚拟语气，犹豫，模糊化表达等； c. 夸张与反语； d. 间接言语行为； e. 感知动词等

3.1.4 小结

话语三维概念模式、社会认知分析和话语-历史分析在国内外被公认为是批评话语分析中最成熟，也是最著名的方法。通过分析批判话语分析领域的三大理论体系和研究内容，不难发现，如果说批判语言学认为语言结构与社会结构之间存在直接的二维关系，那么批判话语分析则认为二者之间存在一种衔接媒介，但这种媒介往往很隐蔽，这就需要对话语的生产和实践过程进行分析，使这种媒介显现出来，指导我们更好地解构和建构话语，充分发挥话语的社会实践功能。这意味着，批判话语分析不仅要观察语言表面的形式，更要分析这些形式出现的规律性特点，还要考察话语生成、传播和接受的生活语境和社会历史背景，注重发现和分析话语中蕴含的人们习以为常的观念。

话语与社会关系及文化处于相互影响的关系，社会关系及文化的变化会影响话语，话语也会反过来影响，甚至重构社会关系及文化。这意味着话语本身就是一种权力。而翻译文本作为一种跨语际话语，在一定程度上是意识形态的产物，并在传播和接受过程中施展权力，影响人们的印象、观念乃至信念。

但是也需要指出的是，对批评话语分析也存在异议，甚至批评。作为一种较新的话语研究方法，批评话语分析在 20 世纪 90 年代中期和 21 世纪初受到了两波非议。以 Widdowson（1995）为首的批评家认为批评话语分析和传统的文学批评并没有本质区别，因而不能算作是一门新学科，而且分析者很有可能会优先选择能够支持其偏爱解释的文本特征，这种特定的话语视角意味着阐释会有局限性，说服效果差。另外，Stubbs（1997）提出批评话语分析中需要有更多的数据支撑，以确保分析对象有足够的代表性，同时他提出文本的形式特征与它们的阐释之间的关系应当进一步明确，因为文本在生产过程中留下的一系列痕迹往往是模棱两可的，语言形式和功能并不能够一一对应。

　　总体来说，批评话语分析具有超学科（transdisciplinary）研究的属性。经过二十多年的发展，批评话语分析与其他学科之间已经形成了高度交叉性，很适合作为本研究的理论指导。不过，一般认为批评话语分析是关于质的研究（qualitative research），强调逻辑性和辩证性，也因为这样，话语的分析过程很大程度上依赖于分析者本人的经验、判断和价值观等，很难做到绝对客观公正。而生态话语的翻译实践过程也需要译者作出各种选择和协调，同样具有一定的主观性。但是辛斌（2004）认为偏见不一定是坏事，因为偏见是理解的前提和基础，客观性是程度的问题。因此，从批评话语分析的角度分析国外新闻媒体对中国生态议题的相关话语的编译和使用情况时，要仔细斟酌该编译过程中是否存在译法不准确或者过时的情况，有关表达是否契合中国官方媒体论述中的语气和态度等，从而判断编译再现的事实或建构的身份是否恰当，而不至于误导国外的受众和读者。质的研究需要结合量的研究（quantitative research），比如可以利用语料库，既可以对较大规模的新闻媒体语料进行量化分析，又可以弥补传统批评话语分析在广度上的不足以及主观性的影响，帮助分析者减少语料选择的随意性和文本阐释的片面性，从而更加有效地对新闻媒体生态话语和翻译进行考察。

3.2 批评话语分析视角下的生态话语

结合前文分析，批评话语分析不是关注语言表面的形式，而是探究语言形式之下的意识形态，以及意识形态与话语之间的相互影响，"特别强调对话语生成、传播和接受的生活语境和社会历史背景的考察，并把注意力主要放在发现和分析语篇中那些人们习以为常因而往往被忽视的思想观念上，以便人们对它们进行重新审视"（辛斌，2005）。例如，某一语言形式的反复出现是有意义的，可以考察该语言形式出现的频率，从而掌握某种规律性的东西，以此审视话语制造者的思想认知。

五四运动时期，大量的西方作品以译本的形式进入国内，为国人带来了先进思想和观念，以此翻译活动作为一种意识形态力量，广泛参与了当时中国本土文化的解构与重建。新时期，在生态话语等外宣性质的中译外翻译活动中，很有必要加强借鉴五四运动时期的经验，翻译和传播时不仅要注重语言文字的对等转换，更要强调对译入语的社会和文化产生影响。

本研究中的生态话语还涉及新闻媒体这一类特殊的机构。这类生态话语的翻译和传播比起直接使用汉语或外语来进行传播要更为复杂，因为其中不仅涉及汉外两种语言和文化的转换，信息的解码和重新编码，还受到新闻制度、意识形态等差异的影响。近年来，我国高度重视生态等话语的对外译介和传播，但是相较于外译中方向的翻译和传播实践，还未形成文化输出的"高势能"，研究体系有待进一步成熟和完善。

生态话语翻译作为一种外宣翻译，旨在提高中国观点、中国方案和中国智慧在国际上的传播效果，起到增信释疑、文化输出的作用，为此很有必要对翻译和传播实践的全过程进行有意义的探索，全方位考察话语的原文生产者、译者、赞助人、读者、涉及的社会文化语境等多方面因素，研究生态话语翻译的社会实践功能。批评话语分析与生态话语翻译在多个方面都有密切关联：

（1）在意识形态方面的关联性。

批评话语分析的重点在于探讨话语的语言特征及其背后的社会历史背景，以此阐释语言形式之下的意识形态意义，揭示语言、权力和意识形态之间的复杂关系。这不仅符合翻译研究的文化转向和社会学转向，而且契合生态话语翻译这一本身具有较强意识形态意义的社会实践活动。从中方的角度来看，生态话语的创作过程本身受到生态哲学观、社会历史背景等的影响，存在一定的意识形态倾向。国外新闻媒体对中国生态文明话语进行的选择、编译等再加工，以及读者对译文话语的解读等也会受到自身特定文化、社会语境和意识形态的影响。可以说，生态话语翻译的生产、传播与接受过程都具有极强的意识形态性。借助批评话语分析，可以剖析这种潜在的因素和影响，进而考察话语与意识形态的关系。

（2）在话语建构方面的关联性。

批评话语分析侧重于分析社会与话语之间的作用与反作用，强调两者之间的辩证关系，因此可以用来考察中国生态文明话语翻译在产生、传播和接受过程中的社会实践，以及其对译入语文化和社会中的解构和建构情况。翻译活动本质上是一种跨文化交流活动，因而具有高度社会性，是一种社会性实践。以译者角度为例，一方面，译者在解构原文时，需要借助和原作者处于同一文化语境所形成的文化纽带和共同社会文化知识，或者利用对原作者身处的社会背景和历史文化的了解，更准确地了解原作者的话语意图，为形成忠实于原文的翻译打好基础；另一方面，译者在重构译文时，应该熟知目的语的文化和社会语境，预测目的语读者将会以何种方式解读话语，从而生成受众易于接受的翻译话语。基于此，通过翻译实践，话语对社会起到了建构作用。

（3）在权力关系方面的关联性。

生态话语翻译还在权力关系方面与批评话语分析形成了关联。布尔迪厄在《语言与象征权力》（*Language and Symbolic Power*）一书中指出，"要想走出语言迷宫，我们只有转向权力场、文化生产场，从中探讨语言潜在的权力因素以及象征价值"。生态话语这类外宣翻译不仅是构建中外话语体系和争取国际话语权的重要途径，而且受到话语生成的社会文化环境的影响，以及中西话语权差异的制约。福柯（1979）提出了权力话语理论，并认为话语的形成取决于知识、权力和语言三个因素，指出权力体现于知识的传播之中，权力既可以鼓励和促进知识传播，也可以阻碍和限制知识传播。翻译活动作为一种跨文化交流，在表面上友好平等的交流之下往往也蕴藏着权利的博弈和意识形态的对抗。中国外交史上有不少经典案例可以说明这一点。

1997年7月1日香港回归，这一重大事件举世瞩目，在国内外媒体上都受到了广泛关注和报道，但是关于"回归"一词的英文表达引起不小争议。当时中国媒体，如中国时报、北京周报等均将"回归"一词译成"return"，传达出"领土回归"的意义，但是与此同时，泰晤士报、美国之音广播电台等外媒使用的表达是"revert"或者"reversion"，其字面意义是"归还"。根据《牛津英语词典》（1989年版），"reversion"有"the return of an estate to the donor or grantor, or his heirs, after the expiry of the grant"（在赠予期满后，将遗产归还给赠予人、让与人或其继承人）之意，这无疑有将英国对中国的侵略及不平等条约进行合法化之嫌。不同的措辞也彰显着中西方意识形态的差异。

另一个经典案例是对"中国大陆"一词的翻译。曾经，大量外国媒体会使用"Mainland China"的表述，这很容易令外国读者产生有多个中国的误解，后来我国官方媒体一再强调应当使用"Chinese Mainland"这一译文，凸显"一个中国"的原则。

综上所述，翻译研究历经多年，从语言学研究转向文化，再到社会学，在这一过程中也吸纳了各种边缘交叉学科的理论和观点。回顾过往研究者采用的各种研究框架，批评话语分析的研究视角可以为生态话语翻译研究提供较新的视角，特别是有利于借助意识形态研究、话语与社会的辩证关系、权力关系等角度，对翻译这一社会实践活动进行全方位考察。

3.3　相关概念

3.3.1　生态哲学观

生态哲学观或生态观（ecological philosophy or ecosophy）是研究人、其他

生物和自然环境之间关系的一套原则和思想（Stibbe, 2015）。长期以来，西方推崇以人类为中心的自然观，这是在从《圣经》到启蒙运动演变过程中逐渐形成的（White, 1967）。而在中国传统中，这种以人类为中心的自然概念是不存在的。Plumwood（2007）指出，在人类优越论（human exceptionalism）的影响下，人会以更加无情的方式开发，甚至掠夺自然和他人，这是一种失败的生态哲学，不利于维系"人—社会—自然"的复合生态系统的平衡。

生态问题不仅牵涉到某单一民族、种族或国家的利益。生态系统是全人类共有的生存环境，生态问题是事关人类共同命运的全球性问题，生态文明的共同体是人类命运共同体的一个重要方面。中国的许多生态文明思想就体现了这一点。

中国儒家将人与宇宙的关系理解为天人合一，天也包含地球，也就是天、地、人的三位一体。天人合一是一种人类宇宙观，是将人类嵌入宇宙秩序，而不是一种人类中心主义的世界观。中文中的"自然"一词最早出现在道家哲学家老子公元前6世纪创作的《道德经》中。在道教理念中，自然不是一个客体，而是一个自我再生的过程，即宇宙的自发转化。天、地、人的三位一体关系的核心是人类受一种普遍的道德法则的约束，有责任通过仪式和音乐，或者习俗和文化传统来保护和延续生命和再生的过程。

历史上，中国政府也制定了相关法律来保护生态环境。例如，公元前3世纪，秦朝推行的"秦律十八种"之《田律》规定："早春二月，不许到山林中砍伐树木；不到夏季七月，不许烧草以及采摘刚发芽的植物；不许捕捉幼鸟幼兽，不能毒杀水生动物，也不能用陷阱或网捕捉野生动物及鸟类。"

到了20世纪初，儒家天人合一的生态观被西方的人与自然二分法所取代。这种"人与自然斗争"的观念逐渐成为中国社会的主流。但是党的十八大后，"与自然和谐相处"的号召表示中国回归儒家生态传统。

3.3.2 国家翻译实践

研究中国生态文明话语，就不得不探讨国家相关的翻译实践。考虑到生态话语是对外话语中的一部分，通常也是和其他类型话语一起交替出现在各类政府官方文本中，因此本节将从宏观角度探析中国对外话语的翻译实践。

国家翻译是集体翻译。与西方学者普遍认为翻译是个人行为相反，在中国，翻译往往是一个合作的过程，而且这种做法已经持续了几个世纪。一些学者认为，中国历史上有四次大规模的翻译浪潮。第一次翻译浪潮是从公元150年开始长达十个世纪的佛经翻译，这一过程催生了中国第一批语言和翻译理论。第二次浪潮发端于16世纪和17世纪欧洲耶稣会士的访华。第三次浪潮则是集中在鸦片战争后中国寻求改革和创新的时期。从19世纪下半叶开始，清朝设立的外交事务机构总理衙门委托各领域学者对来自日本和欧洲的社会科学、工程、数学和文学领域的文本进行翻译。19世纪末20世纪初，许多中国文人和知识分子，如严复、林纾、康有为、梁启超和鲁迅等，纷纷开展外译中工作，试图从西方政治、经济、哲学和宗教著作中收集于中华民族救亡图存有益的知识。第四次翻译浪潮始于20世纪80年代的改革开放时期。

前三次翻译浪潮有一个共同点，那就是翻译很少是个人独立开展的。例如，佛经的翻译是一项集体任务，由多达11项子任务组成，涉及首席翻译、释义员、记录员等多个工种。总理衙门翻译则通常是两人一组，包括一个母语者和一个外国人。据悉，林纾在1899年至1924年间翻译了150多本书，通常与一位母语是汉语，同时懂外语的人士合作，而鲁迅和他的弟弟周作人合作翻译。

协同翻译实践并非中国独有，全球翻译史上也有类似的翻译实践，如欧洲就曾经出现对《圣经》的集体翻译。不过，中国集体翻译的传统呈现出与众不同的特点。Lefevere（1998）指出，中国传统强调我们现在所说的团队合作，而西方传统往往对此持否定态度。事实上，团队翻译的方式可以与任务规模大、时间紧迫或质量要求高等因素有关，或者是出于需要建立翻译、审查、修订和编辑的工作机制有关。某些类型的文本，如技术、法律和政治文本的翻译通常分多阶段进行，至少需要翻译＋母语人士审校。就政治文本而言，可能由于文本含有敏感内容，文本发出机构很重要，或者文本具有重要战略价值等，基于保密要求会避免团队翻译。

Schäffner 和 Bassnett（2010）提出，政治文本的翻译实践中，如应该翻译成哪几种外语，应该翻译哪些内容，以及在翻译时应该使用哪些政策和程序等问题，都很有翻译研究价值，但是目前研究还很不足。西方翻译研究领域中最杰出的一批学者都倾向于推崇译者的角色，而往往忽视译者以外的角色，或者至多将这些人员视为助手。相应地，对于审稿人的研究非常少，而且大多局限于翻译培训师和从业者的教学视角（Lauscher, 2000; Mossop, 2007）。但是值得注意的是，间接翻译或接力翻译在中国政府主导的国家翻译实践中一直扮演着重要的角色。

国家翻译实践是一个错综复杂、高度规范的过程，要求译员、审校、编辑和专家协同合作。在这种情况下，团队肩负着确保目标文本反映特定机构的声望和权威的艰巨任务（Kang, 2009）。当要翻译的文本是一个领导者的演讲时，这项任务就变得更加困难，因为必须在信息的准确性、意识形态的一致性和跨文化交流的有效性之间取得平衡。值得注意的是，在国家翻译研究的背景下，译者个人的重要性会被弱化，因为译者只是在统一的制度指导要求下开展翻译工作，在词汇和语法层面的选择不仅取决于他本人的语言知识背景，更受到制度的影响（Munday, 2007）。

国家翻译是对外宣传工具。从 21 世纪初开始，国际领域政治话语的数量和质量均呈指数级增长。政治话语是对构成一个政治共同体或团体来说至关重要的文本（Schäffner, 2004）。通过这一工具，相关方设定、讨论和落实相关问题的议程。交际理论将政治语言描述为一种政治行为。"没有语言就无法进行政治"（Schäffner & Bassnett, 2010），因为话语实践对于建立和触发政治进程意义重大。在通信技术和大众媒体高度发展的今天，这一点尤为明显。当政治活动和目标涉及其他国家时，政治语言完全依赖于翻译。因此，政治话语翻译本身可以被认为是一种政治行动形式，其主要功能是告知和影响目标受众，以实现特定的政治目的。中国作为当今世界第二大经济体，不仅全面参与全球治理，而且引领全球治理变革和建设，自然离不开这一重要的政治工具。近年来，中国不断扩大对外开放，对全球关注的问题也采取更加积极主动的态度，并全方位地发出中国声音，包括翻译并全球发行领导人演讲集。

国家领导人作为政治沟通的核心，他们的言论对塑造一国的国际形象影响巨大（Zhong, 2014）。中国历史上就致力于通过对国家领导人的话语翻译，向国外宣介中国局势和政策。早在 20 世纪 20 年代，毛泽东的作品就被翻译成外语并在共产国际的期刊上发表。抗日战争期间，还成立了以周恩来为首的宣传组，负责翻译毛泽东的作品并将其传播到国外（Hou, 2013）。新时期，我国也继承了这一传统，而且进一步推动了政治话语翻译活动的发展。政治话语的翻译有望弥合国家之间的差距，并使国际社会更好地理解我国政府采取的政策、发展理念和外交政策（黄友义 等，2014）。

新时期，国家翻译机构主要包括中央党史和文献研究院、外交部翻译司、中国翻译研究院等机构。语言就是力量，而领导者的话语比一般语言更有分量。截至 2017 年底，我国出版了 10 部习近平文集，旨在为党员提供一个完整的系列作品，以研究习近平总书记在社会主义文化、经济、政治、社会和生态建设等主题上的思想和策略。2020 年 1 月，中央文献出版社出版了以"中国特色大国外交"为主题的中国话语汇编。此外，人民日报和中国共产党新闻网也提供不断更新的习近平系列重要讲话在线数据库，包括文本和录音，免费供大众使用。值得注意的是，2014 年、2017 年和 2020 年出版了三卷名为《习近平谈治国理政》的中英文双语演讲和著作集。负责编纂前两卷的机构是国务院新闻办公室、中央文献研究院和中国外文局；第三卷明确提到中共中央宣传部是编纂者之一。该书基本上收录习近平整个政治任期的各类话语，包括演讲、对话、指示、采访和信件等，分别是在 2012 年 11 月至 2014 年 6 月、2014 年 8 月至 2017 年 9 月和 2017 年 10 月至 2020 年 1 月的时间范围内发表的，涉及的主题广泛，主要是与中国国内和国际治理相关，包括中国特色社会主义、法治、党纪、国防、生态、外交、经济改革、文化发展等。正如每卷前几页出版商注释所说的，该书旨在回应国际社会关切，增进国际社会对中国发展理念、发展道路、内外政策的认识和理解。据悉，该卷的翻译工作遵循了非常严格的程序，大致包括以下步骤：由中国译者从中文翻译成英文；由外国专家对译文进行校对，目的是提高文本的可读性，确保目标文本足够地道，易于目标受众接受；由中国资深专家进行比较定稿，旨在纠正可能出现的政治错误；再次审查和校对。

据报道，考虑到该作品的影响力和重要性，翻译工作历经了十几轮读校，并多次邀请了外国专家就译文进行商榷。

虽然翻译团队成员的姓名和背景没有出现在该著作中，但通过媒体和新闻可以大致了解到，该书的翻译团队由 29 名成员组成，包括来自中国的高级语言顾问、在中国生活多年的外国文字编辑和翻译。另有一个由 7 人组成的特别定稿小组，每天开会讨论翻译问题，如词汇选择、整本书编辑风格的一致性、脚注的准确性和敏感性表达的翻译等。

那么这些团队翻译工作有何指导方针呢？这就需要回顾政治话语翻译在中国的演变过程。随着国际交流越来越多，需要翻译的中国话语，特别是政治文本数量不断增加。20 世纪 90 年代，中国学者对西方翻译理论有了更深入的了解，在这些研究的驱动下，中国的话语翻译开始从关注字面意思、追求形式，转变为主要基于动态对等原则的翻译方法。此外，以目标受众为导向的方法也逐渐成为主流，这种方法强调在兼顾对外宣传目标的同时，需要适应目标群体的文化和语言习俗和期望，以提高跨文化交流的有效性。忠实仍然是这类话语翻译的一个基本要求，但学者们普遍认为在不损害文化交流的情况下，实现准确性和灵活性之间的平衡是最重要的。为了达到这一目标，政治话语的译者必须具备政治敏锐性和责任感。著名翻译学者黄友义（2004）指出，政治话语翻译是对外宣传的一种手段，提出了"外宣三贴近"的原则，即接近中国的现状，接近外国读者在信息获取方面的需求，接近外国读者的思维模式。黄友义（2004）强调，中国政治类话语的目标读者不再局限于研究中国的学者或观察家，也包括对中国理解程度不一的外国普通读者。为此，译者需要积极地、创新性地对原文文本进行干预，用融通中外的语言讲好中国故事。也就是说，译者的主要目的是尽可能简单明了地使用语言，避免使用外国读者难以理解、不熟悉、不常见或文化特定的词语。很多时候，直译不是最好的选择，比如针对一些复杂的政治隐喻，如果不转换成简单易懂的语言，译文可能会引起混淆。其中一个主要的矛盾是在忠实性和灵活性之间取得平衡，译者要尽可能地将自己放在海外读者的位置上，考虑如何准确地传递原始文本的含义，使读者更容易理解。

以《习近平谈治国理政》的翻译为例，该书译者采用了多样化的方法，既反映了时政英译的指导方针，又考虑了不同类型话语的文本类型和翻译目的。比如，当原文涉及国家利益或重大政策的具体内容时，会优先考虑直译来实现译文的忠实和准确（张云飞，2019）。在其他情形下，特别是针对文化负载话语，会灵活使用直译（带或不带注释）、意译、归化、异化、简化、信息重组等方法（赵祥云，2017）。学者们也一致认为，可读性和以读者为导向的方法是指导译者工作的关键因素，这与对外宣传翻译的目标是一致的。

3.3.3　新闻话语和编译

新闻报纸是定期向公众发行的新闻和时事评论的印刷出版物。它们早已成为大众传播的重要手段。而从社会学的角度来看，翻译很早就在新闻文本的构建和传播中发挥重要作用。世界上第一家通讯社是一家翻译服务机构。但是，随着时代的变化，新闻职业从对外国文本的语言转换演变为一项完全独立的活动，即使在新闻机构中记者工作的一大重点仍然是语内和语际层面的语言转换，翻译已经退居到次要地位。第二次世界大战后，国际新闻机构的权力急剧提升。

谈到翻译在新闻传播中的作用，就不得不注意新闻机构对新闻文本和话语的意识形态操纵。一方面，在翻译别国信息来源时，新闻作者和编辑可以对内容进行改头换面，来匹配他们所在机构的意识形态立场。另一方面，随着英语成为占绝对主导地位的世界通用语言，其语言优势也转化为意识形态上的强势。不少专家指出，在这些西方新闻巨头的控制之下，英语语言的主导地位成为许多第三世界国家的重要关切（Legum & Cornwell, 1978）。非英语国家新闻机构在海外的影响力有限。历史上，有不少机构试图打破五大新闻巨头（美联社、合众国际社、路透社、法新社和塔斯社）对信息的垄断（Splichal, 1984），但是最终都由于缺乏资金、政治动荡等原因而作罢。

抛开意识形态不谈，新闻制作过程中的翻译也常常带来语言和文化上的困难。卢·格里格病（Lou Gehrig's disease）指的是肌萎缩侧索硬化症，如果译成"卢·格里格的病"就会出现问题。所以如果向海外受众解释，就必须将其标记成专有名词。看起来很复杂，但是如果想要避免误解，那么确实有这种必要。

在新媒体的冲击下，新闻撰稿人在保证新闻真实性的基础上，往往会通过各种手段对搜集到的新闻信息进行编写，以吸引公众的注意力。新闻话语作为当前大众话语的一种重要形式，越来越受到人们的关注。此外，新闻话语与意识形态之间有着千丝万缕的联系。权威媒体的新闻话语是对主流意识形态体系进行建构和维护的重要渠道。反过来，意识形态也在潜移默化地操纵新闻话语的生产和受众的价值观念。

国际新闻采集、生产和传播的多个阶段都会需要翻译。比如，当所报道的事件可能以某国官方语言以外的语言发布，新闻生产的过程中就需要翻译。国家或地方新闻机构在报道某一国际事件时，可能也会需要引用国际主要新闻机构提供的"消息来源"。这些都说明新闻翻译涉及一个重新语境化的过程，这个过程可能与声音、表征、机构权威性和意识形态等问题错综复杂地联系在一起。翻译而来的新闻故事通常被认为包含一种"外国声音"，代表着不熟悉，甚至陌生的观点和价值观。而且，翻译本身的合理性在很大程度上受到翻译文本生产者所隶属的机构，其身处的社会文化语境，以及对不同文本的互文使用情况。

机构中的翻译或记者对于措辞的选择通常会深思熟虑，往往也带有一定的动机，比如需要支持特定的社会政治立场。为此，他们会对收集来的新闻话语进行再语境化的"创作"，使用省略、增译、重新视觉化、概括和具体化等话语策略来转移和转换意义。像大多数其他翻译一样，本研究选取的新闻语料来源报刊中的译者很可能会根据他们接受的培训以及个人和专业经验来进行新闻生产，而且会对收集来的新闻语料进行特定的解释性阅读，并在特定的机构立场下评估源文本的相关性。同时，有些还需要考虑目标读者的兴趣和价值取向，从而迎合他们的惯性思维。这样一来，尽管翻译后的新闻语篇给人的印象是它完整而准确地表达了源文本作者的意图，但跨越语言、文化等界限之后产出的新闻话语可能与消息来源已经大相径庭了。

过往研究者对中英文新闻报纸进行的对比研究主要涉及词汇和语法特征、修辞手段、表达方法、文体风格、转述言语、思维方式以及相关的社会文化因素（刘辰，2018）。以中美两国的新闻报道风格为例，因为价值观念、政治文化和社会环境等方面的差异，两国媒体往往会以不同的角度和方式去报道同一事件或话题。中方更加强调政府的领导，在新闻报道中会有更为鲜明的立场，而且在叙事风格上更注重准确性和权威感。而美方崇尚新闻自由，追求新闻的传播效果和公众的知情需求，倾向于细节叙述，用讲故事的方式来呈现新闻要素，有时甚至会过度渲染和夸大来提高报道的社会影响力。近年来，越来越多的研究开始聚焦于中外媒体语篇，但往往只关注语篇中微观层面的单词和句子，或者关注社会、文化或意识形态等限制性的语境因素，很少借助语料库系统研究中外媒体话语之间的互动和博弈。

理论上来说，新闻报道的应该是真实发生的事实，不受偏见、个人情感等因素的干扰。但是实际操作过程中，新闻报道具有很强的选择性，报道的事件、报道框架、消息源、事件的呈现方式、标题等都或多或少受到了意识形态的影响。可以说，新闻报道借助话语表达这一表象，具有意识建构的功能。本研究的研究对象之一是 LexisNexis 网络语料库中的涉华生态报道话语，而国外媒体在报道中国时，或多或少都会涉及翻译或编译（transediting）工作。虽然新闻编译很少将忠实于源语作为首要原则，但有必要探究新闻机构如何过滤和把关话语信息，特别是涉及一些敏感议题的时候，以实现"相对忠实传达"。本节还会探讨翻译和译者在这类新闻编写工作中扮演的角色。

近年来，新闻翻译也受到了学术界越来越多的关注，这种关注与翻译在全球化时代信息流中扮演着越来越重要的作用，基本上是同步增长的。为了让本研究更具有效性，有必要审视新闻机构通过翻译或编译，再现新闻故事的常规做法和过程。Bielsa 和 Bassnett（2009）指出，在全球新闻机构中，翻译是一种广泛采用的做法，只是译者和翻译工作通常是"看不见的"。翻译完全融入了新闻生产的过程，以至于这些机构中没有人会自称为译者，也没有人能说出源文本是哪些。这是因为国际记者和编辑经常需要兼顾新闻选择、翻译和编辑等多项任务，而且在国际新闻通讯社（Inter Press Service）、法新社和路透社等全球性新闻机构中，翻译更多的时候是一个"重写"过程，甚至只是一个"新闻收集程序"，而不是语言间意义上的"翻译"转换。当然，并不是所有类型的新闻公司和机构都采用编译或重写。研究发现，对于《新闻周刊》韩文版来说，"忠实于原文本"是新闻出版的主要原则之一（Kang, 2007）。为了保证忠实的翻译，新闻公司对翻译、审校和编辑的责任进行了明确分工，由熟练掌握英韩双语的本土审校对翻译进行严格把关，如果发现目标文本和源文本在指称或内涵意义上存在差异，会反馈给责任译者。然后，新闻机构作为一个信息传播机构，其内部结构和社会关系很复杂，不同的报纸和新闻机构在对待编译工作时做法不尽相同，更多的是根据其自身的体制方法和目标，由其内部人员在特定的社会和文化背景下形成一套工作程序（Mason, 2004）。

广东外语外贸大学的潘莉教授于 2010 年 4 月在《参考消息》位于中国首都北京的总部进行了深度访谈和问卷调查，以了解翻译与译者在新闻机构中的角色。《参考消息》是中国当时发行量最大、最负盛名的中文日报，是关于中国领导人最主要、最权威的新闻来源。调查结果至少揭示了中国新闻机构中翻译活动的三个关键方面，主要涉及翻译和译者的角色、制度准则对实际翻译实践的影响，以及可能导致译者在翻译中进行协调的因素（Pan, 2014）。

（1）与全球主流新闻机构的做法不同的是，该新闻机构的翻译不是作为"无形"或"不可追踪"的组成部分纳入新闻生产，而是单独设立了传统意义上的翻译小组，要求对消息来源进行忠实翻译，优先直译。与此同时，与那些由记者或编辑兼顾翻译工作的机构不同，中国新闻机构拥有大量内部全职翻译人员，可以处理几十种语言，其中不乏高级翻译。忠实翻译的工作要求和明确的责任分配决定了这些译者扮演着独特而不可或缺的角色。

（2）忠实直译的工作原则对不同翻译实践产生了不同程度的影响。由于需要兼顾忠实翻译和把关信息，译者的职责比较复杂。一方面，他们需要扮演真正意义上的传统译者角色，而不是对消息来源进行再创作。在成为新闻机构的全职员工之前，他们经过了内部培训，非常清楚机构对于专业新闻翻译人员的要求，工作时侧重直译的翻译方法。另一方面，他们又需要像守门员一样，根据实际情况对消息来源进行恰当的调整，比如修改文本以避免偏见和负面报道对中国读者可能产生的不良影响。而且他们在这一方面还享有较高的自由度，因为可能没有上游人员对他们的译文进行严格审查。在这一层面上说，他们的角色不仅是简单的信息传递者。

（3）翻译过程进行协调的原因有：翻译过程的简化、译者对忠实翻译标准的不同理解、对西方报道的不同理解以及中国读者对负面报道的反应。新闻机构内部有明确的工作制度和要求，但实际工作中缺乏对译文的有效审查，所以即使忠实原则不允许改动，但译者不受监控，可能会对原文进行干预和协调。更重要的是，对于何种翻译为忠实的标准相对主观，因人而异。此外，如果译者发现消息源中涉及对中国的偏见，他们认为作为官方新闻机构工作者，有必要进行协调，采用中国主流媒体的报道视角，以保护中国读者免受带有偏见的外国报道的不良影响。毋庸置疑，国家的新闻政策会影响他们在新闻制作的各个阶段的决策。

根据潘莉对《参考消息》副总编辑和英汉翻译协调员的采访，该机构的新闻翻译在新闻的选择、翻译、审改和编辑的各个工序中涉及不同的责任分配。新闻选择的过程是复杂的，因为新闻机构每天都要从数百家外文报纸和新闻媒体的数千篇新闻文章中，挑选出几十种语言的新闻翻译成中文。这项艰巨的任务由其设在国内外的新闻筛选团队来负责。比如，它的七个海外新闻筛选团队分布在各个大洲，负责从当地的国际报纸、新闻专线和其他消息渠道中收集、筛选最新的故事和评论，然后将相应文本的要点总结成中文，再将其发送回国内的新闻筛选团队。随后，国内的评选小组从中选出他们认为国内读者会感兴趣的新闻。这些新闻要点名单会提交给总部的编辑人员。在整个编辑团队讨论后，主编决定翻译和出版哪些新闻。最后，分管编辑会整理好所需翻译的内容，交由翻译部门的协调员，进行分工翻译，再由编辑负责编辑新闻和设计标题。但是受访者强调，即使文本内容涉及负面的、对中国有偏见的、批评中国政府的，甚至是与中国立场完全不同的观点，译者原则上也没有改动的权力，而应当遵循忠实原则，并保持原新闻文本的风格和风味，改变措辞是编辑的责任，而不是译者的责任（Pan, 2014）。尽管反复强调了忠实的翻译原则，但正如前文所述，这类新闻机构每天都有大量需要翻译的文本，很难进行严格的全面审核，而且大多数编辑主修中文或新闻，通常做的是阅读译文，检查译文的措辞和流畅性，并不具备双语能力去捕捉"不忠实"的翻译，因此很难确保实际翻译操作中的高保真度。

该研究还调查了该新闻机构中的全职译员对于"忠实翻译"的理解。研究发现，虽然"忠实翻译"是他们翻译工作中必须遵循的基本原则，受访译者对这一标准没有统一的理解。一些人认为忠实的翻译需要译文和原文在所有方面和层面上都保持一致，而另一些人不这么认为。只有约一半的受访者认为，当译入语在确凿的事实、态度和立场以及关键表达的意义和语气方面与译出语相对应时，翻译就可以被视作是忠实于原文。在被问到如何处理敏感话语的翻译时，受访者对翻译方式存在分歧，约 1/3 的受访者认为应当采用中国官方或权威机构的翻译表达，其余的受访者表示应当采用直译方式。在应对对中国有负面影响的话语时，大多数受访者选择直译，以忠实于原文，也有受访者提出改用中性词，或者要视这类负面话语的目的而定。值得注意的是，大多数受访者认为他们工作中接触的西方新闻报道对中国有很大的偏见，但是也提出负面报道在新闻业是正常的，也是可以接受的，他们并不认为中国读者会相信国际报道中关于中国的一切。

3.4　研究设计

3.4.1　研究框架和步骤

本研究拟运用语料库定量统计和批评话语分析方法，一方面从报道数量、分布、主题等维度宏观研究 2012—2023 年世界主要报媒对中国生态形象的他塑过程；另一方面对比考察中外媒体对中国"双碳"目标报道的话语建构情况，试图发现其中的共性和差异，从而在话语实践、翻译和传播等方面为今后国家生态话语建构、提升生态文明国际话语权提供策略建议，并为相关研究提供参考价值。本研究拟在"基于语料库的生态文明话语研究多维分析框架"（图 3-3）的指导下，采取以下研究步骤：

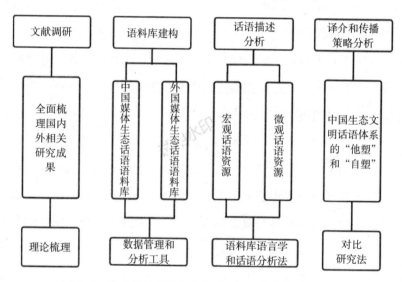

图 3-3　基于语料库的生态文明话语研究多维分析框架

（1）文献研究。全面梳理国内外相关研究成果，以明确生态、话语分析、翻译等核心概念的内涵和关系，中国特色话语翻译的原则、特点及其与国际传播的关系等，为量化研究打好理论基础。

（2）语料库研究。自建 ECO 双语语料库，语料主要收集于由中国外文局和中国翻译研究院发起的"中国关键词"项目中"生态文明""生态环境及社会治理"等专题，以及党的十八大以来国家有关生态文明议题的白皮书，然后利用语料库软件 AntConc 提取该语料库中的高频词。提取这些高频词在 LexisNexis 数据库中对应的新闻话语样本，并人工剔除重复的和与研究主题无关的报道。

3.4.2　中外媒体生态话语库

本研究采用语料库检索和分析工具 AntConc 4.2.4，该软件是一款单语语料库分析工具，开发者为 Laurence Anthony。本研究主要利用该软件的高频词单（Word List）、索引（Concordance）、索引定位（Concordance Plot）、词丛（Clusters）、部分词丛（N-Gram）、搭配（Collocates）、词云（Word Cloud）等检索功能。此外，本研究还会利用日本学者樋口耕一开发的文本定量分析软件 KH Coder，统计语料库的词频、检索上下文关键词、可视化呈现关键词共现网络等。

基于已经创建的 ECO 双语语料库，利用 AntConc 软件中的 N-Gram 功能（设置单词数为 2）提取该语料库前 20 个词丛，并以此确定在 LexisNexis 国际新闻数据库中的检索关键词（表 3-3）。结合该库自带的检索功能得出以下检索指令："title(China or Chinese) and headline(eco or eco-environmental or environmental or green or sustainable or natural resources or eco-friendly or low-carbon or climate change)"。

表 3-3　ECO 语料库前 20 个 N-Gram

类符	排名	频数
eco environmental	2	122
eco civilization	3	121
environmental protection	4	110
an eco	6	94
eco environment	12	53
green development	22	39
system for	22	39
Xi Jinping	22	39

类符	排名	频数
building an	27	36
environmental conservation	31	35
between humanity	35	32
national congress	35	32
building a	43	30
natural resources	43	30
sustainable development	43	30
central authorities	47	29
eco friendly	47	29
low carbon	47	29
a beautiful	55	27
climate change	59	25

然后，在LexisNexis数据库中新闻（News）类别下的主流报媒（Major Newspapers）版块中输入该检索指令，时间设置为2012年11月8日到2023年11月8日（从党的十八大召开时间开始计算，跨度10年），就可以开始收集中外媒体涉华生态文明话语语料。该数据库还支持对新闻报道来源、报道时间等的可视化呈现。国内方面相关报道数量多，只选取《中国日报》的754篇新闻报道构建中国媒体生态话语库；国外方面共收集到1152篇新闻报道（表3-4）。

表3-4 外国媒体涉华生态报道来源（前10位）

媒体	属国	报道数量
《金融时报》（Financial Times）	英国	334
《卫报》（The Guardian）	英国	201
《独立报》（The Independent）	英国	143
《海峡时报》（The Straits Times）	新加坡	103
《纽约时报》（The New York Times）	美国	79
《基督教科学箴言报》（The Christian Science Monitor）	美国	51
《每日电讯报》（The Daily Telegraph）	英国	45
《澳大利亚人报》（The Australian）	澳大利亚	38

媒体	属国	报道数量
《商业时报》(*The Business Times*)	新加坡	28
《爱尔兰时报》(*The Irish Times*)	爱尔兰	27

中国媒体涉华生态报道数量在 2015 年和 2017 年都出现过高峰，2017—2018 年急剧下滑，之后稳步回升（图 3-4）。根据笔者调查，2015 年的报道高峰主要是围绕中国"十三五"规划和可持续发展等重大战略调整。当时正值中国经济增速放缓期，但是该规划的基调与以往只考虑 GDP 增长不同，强调了绿色发展的理念，对于加快中国经济和社会转型有着重要的指导意义。2017 年的报道高峰则主要是针对党的十九大对中国生态文明建设的新的重大部署。

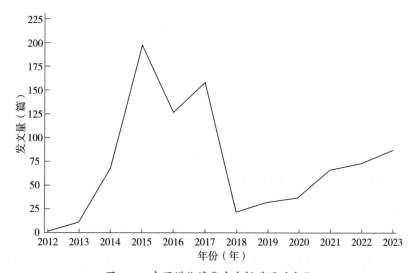

图 3-4 中国媒体涉华生态报道历时变化

国外方面，英语媒体对于中国生态议题的报道数量从 2012 年开始稳步增加，但是 2015—2020 年比较平稳，整体有所回落，而后在 2020 年迅速增加，在 2021 年达到最高值，之后又出现了急剧回落（图 3-5）。值得注意的是，2020 年国外主流英语媒体对于中国生态议题的兴趣有显著提升，笔者认为这主要得益于 2020 年 9 月 22 日，中国国家主席习近平在第 75 届联合国大会一般性辩论上提出了"双碳"目标，即"二氧化碳排放力争于 2030 年前达到峰值，努力争取 2060 年前实现碳中和"，该承诺随即在国际上引起广泛关注，国内外媒体争相报道。

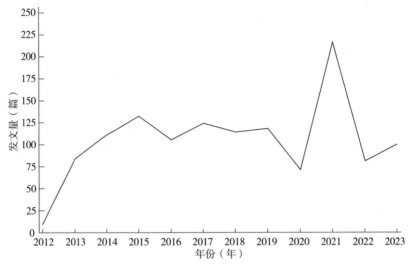

图 3-5　外国媒体涉华生态报道历时变化

对比中外媒体报道的历时趋势，2021 年中国提出"双碳"目标后，国内对于生态议题的报道虽然有在稳步增加，但是在数量上并无优势。对比双方的报道关键词（图 3-6 和图 3-7），中外媒体的关注点有相似之处，比如均十分关注能源、环保产业，但从报道比例来看，外国媒体对于生态与能源、制造的兴趣点很高。

为此，本研究还就"双碳"目标搭建了中外媒体双碳话语库，以期从这一国内外媒体共同关注的生态议题，进一步详细考察中外媒体的话语建构和国家形象塑造情况，试图发现其中的共性和差异，从而在话语实践、翻译和传播等方面为今后国家生态话语建构、提升生态文明国际话语权提供策略建议。

3.4.3　中外媒体双碳话语库

首先需要选定检索关键词。"双碳"目标（dual carbon goals）由"碳达峰"和"碳中和"两部分组成，其中名词搭配"碳中和"（carbon neutrality）语言形

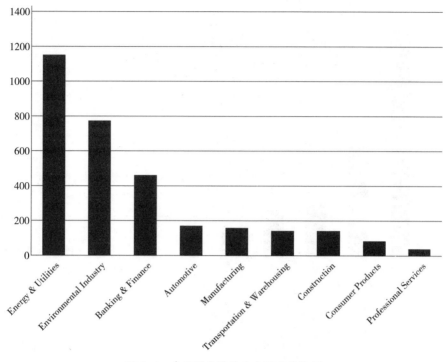

图 3-6　中国媒体涉华生态报道关键词

式上比"碳达峰"的概念更稳定，后者有多重英文表述方式，在《中国日报》双语新闻上人工检索发现有"carbon peaking""carbon peak""to peak carbon emissions""to peak CO_2 emissions"等版本。为此，选用"carbon neutrality"为数据检索的关键词。在 LexisNexis 数据库中进行搜索，根据数据库自带的检索规则提示，检索词设置为"(China or Chinese) and 'carbon neutrality'"，表示 China 和 Chinese 至少有一个出现在新闻标题或正文中，同时还须出现"carbon neutrality"。考虑到"双碳"目标是 2020 年 9 月 22 日提出的，时间设置为 2020 年 9 月 22 日至 2023 年 9 月 22 日，跨度 3 年。排除故事和讣告，从《人民日报》（海外版）检索到 773 篇报道，从世界主要报媒子库检索到 310 篇报道。

选取《人民日报》（海外版）的新闻作为研究语料主要有两个原因。一方面，它是中国最具代表性的官方英文媒体之一，是中国向国际读者展示中国形象的重要窗口，同时可以很好地体现中国政府在生态文明建设上的哲学思

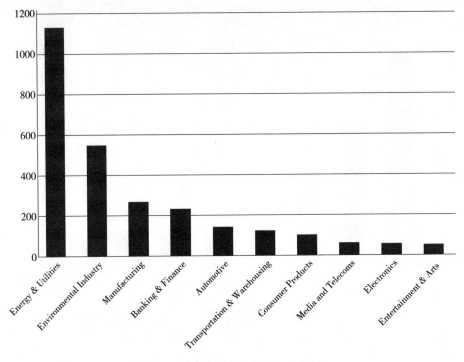

图 3-7　外国媒体涉华生态报道关键词

想、政策策略、意识形态及政治立场等。另一方面，检索时发现，在所设定的时间跨度内，该报的检索结果最多，因此从报道数量上来说更能代表中国英文媒体。接着对下载的语料进行第二轮人工筛选去重，去除了"双碳"目标仅作为背景信息而缺乏细节报道的新闻。最终，从《人民日报》（海外版）中获取494 篇相关新闻，据此自建中国媒体双碳话语语料库（Chinese Carbon-related Corpus, CCC），共计类符 259680 个；从世界主要报媒子库中获取 240 篇新闻，自建外国媒体双碳话语语料库（Western Carbon-related Corpus, WCC），共计类符 160735 个，包括加拿大《国家邮报》（80 篇）、英国《独立报》（35 篇）和新加坡《海峡时报》（27 篇）等（表 3-5）。很明显，外国媒体对中国"双碳"目标的报道比中国媒体在数量上少得多。

表 3-5　外国媒体关于"双碳"目标报道来源（前 10 位）

媒体	属国	报道数量
《国家邮报》（National Post）	加拿大	80
《独立报》（The Independent）	英国	35
《海峡时报》（The Straits Times）	新加坡	27
《金融时报》（Financial Times）	英国	24
《卫报》（The Guardian）		22
《纽约时报》（The New York Times）	美国	15
《商业时报》（The Business Times）	新加坡	9
《澳大利亚金融评论报》（Australian Financial）	澳大利亚	6
《澳大利亚人报》（The Australian）		4
《每日电讯报》（The Daily Telegraph）	英国	4

第四章

主题词对比研究

生态形象是一个国家整体形象的重要方面。本研究建设了关于中国"双碳"目标的中外媒体话语语料库，通过对中外生态文明话语进行定量和定性对比分析，探究"自塑"和"他塑"中的中国生态文明形象。本章节将主要从主题词角度考察中外媒体关注点的异同及其原因。

4.1　研究背景

每年的 6 月 5 日是世界环境日，2024 年世界环境日的主题是"土地修复、荒漠化和干旱韧性"，中国像以往一样举办了一系列活动，以提高公众的环境保护意识。对于像中国这样的大国来说，良好的生态形象不仅能促进其生态哲学和理念的传播，促进公众福祉，而且能够助力全球减碳，扭转日益加剧的环境恶化。

作为国家形象研究的奠基人，美国政治学家、社会心理学家肯尼思·博尔丁提出国家是国际社会体系的一部分（Boulding, 1959）。国家形象会影响别国的政策和外交行为，进而塑造国家间的关系。正面形象可以将重大摩擦的成本降低到可以忽略不计的程度，而负面形象则可能将小冲突的成本放大许多倍（Ramo et al., 2008）。国内也有不少学者研究国家形象，并提出了独到见解。张昆（2018）认为国家形象是国内外公众对一个国家的综合印象，通常是基于对这一国家现实行为的主观认知与评价。国家形象包括对内和对外两个向度，对内指的是该国人民对自己国家的总体看法，对外是指其他国家对这一国家的认知和评价。有时对内、对外面向上的认知和评价是一致的，而有些时候两者完全不同。还有学者强调媒体是塑造国家形象的重要因素，甚至说一国的国家形象几乎是在新闻报道中通过话语建构出来的。

一个国家在不同领域中会有不同的形象，比如中国形象可以包括中国政府形象、中国领导人形象、中国企业形象、中国企业家形象、中国文化形象和中国人形象等（胡开宝，李鑫，2017）。近年来，生态议题的重要性与日俱增，所以也有中国生态文明的形象。中国在推进生态文明建设的同时，也越来越注重其生态形象在国内外的建构和传播。

"双碳"目标是中国对世界的重大承诺。考虑到中国仍然是世界上最大的发展中国家，实现一目标绝非易事。自此，"双碳"目标在国内外引起了媒体的广泛关注。但由于意识形态、价值观、社会认知等因素的差异，国内外媒体对中国生态形象的立场和态度有所不同。因此，有必要深入研究国外各大英文媒体对中国生态文明建设的报道焦点和整体评价，借此了解中国生态形象传播的现状，从而更好地向世界呈现全面、立体、真实的中国。

以往对中国形象的研究主要集中在海外实体对他者形象的话语建构和国内实体对自我形象的话语建构。这些研究以批评话语分析的方法为特色，强调话语实践和社会现实之间的辩证互动。一些学者还借鉴语料库语言学，基于反复出现的语言模式及其语境意义，对中国的国家形象进行了更全面的研究。

本章节采用了批评话语分析的代表学派话语 – 历史分析方法，借助历史和批判的视角对形象和身份的话语建构的社会和文化背景进行深入探索。根据话语 – 历史分析方法的观点，语篇分析可以从三个层面进行：宏观层面的主要话题、中观层面的语篇策略和微观层面的互文性分析。其中，最关键的部分是话语策略，包括提名，述谓，论辩，视角化、框架化和话语再现，强化 / 弱化（Wodak, 2001）。这样，就形成了一个探讨语言、权力和社会历史语境之间关系的整体分析框架。

现有的话语 – 历史分析研究主要围绕政治话语，例如欧盟组织中的身份政治和决策模式研究（Wodak, 2011），以及李菁菁（2017）对挪威首相第 70 届和第 71 届联合国演讲之间互文关系的调查。此外，过往研究也证明了使用语料库技术，可以大大提高对大量自然话语进行数据统计的效率，还能够得出关于潜在意识形态和社会价值的普遍结论（Stubbs, 1996）。也就是说，话语 – 历史分析和语料库的结合使得定量统计和定性描述成为可能，从而极大地提高了语篇分析的客观性和有效性。因此，本研究试图将研究焦点转移到生态话语上，运用基于语料库的话语 – 历史分析框架来考察中国生态文明形象是如何在新闻报道话语中构建的。

本章主要采用语料库语言学中的主题词分析法，对中外媒体双碳话语语料库中的主题词进行对比分析，从而找出不同媒体关注点的异同及背后的原因。主题词是指"与参照库相比，出现频率远超常态的词语"（Scott & Tribble, 2006）。在 AntConc 软件中分别导入目标语料库和参照语料库，通过词表的词语频次比较，可以生成出现频率比预期高的所有词语，即主题词列表（Keyword List），在此基础上还可以生成词云图，实现高频关键词的可视化表达，更加直观地展现文本的主旨。其中，主题词的显著性主要通过关键性（keyness/likelihood）来衡量。关键性由该软件自动计算生成，本质为语料库之间频次的对比分析，是两个语料库中频次有显著差异的词（梁茂成, 2016）。关键性数值越高，说明该词在观察语料库中的使用频率显著高于其在参照语料库中的使用频率。主题词不仅可以反映话语内容的主题，还能揭示意识形态、社会文化内涵等文本潜在信息。胡开宝和李晓倩（2015）也提出可以从关键性高的主题词中挖掘作者试图表达的意识形态倾向。可以说主题词是新闻话语对比研究的有效指标。

4.2　研究问题

本章中，笔者试图回答以下研究问题：

（1）语料库 CCC 和 WCC 中双碳话语的主题词分别是什么？

（2）这些主题词之间有何异同？

（3）这些主题词的差异反映了何种报道焦点、态度和评价？

4.3　数据收集

基于前期建立的 CCC 和 WCC，利用语料库分析软件对文本进行统计分析。

（1）在 KH Coder 中导入 CCC 项目，并进行预处理。

（2）将助动词（be，have 等）、代词（it，its，he，we，they 等）、关系代词（that，which 等）和其他无关词（year，percent 等）设置为停用词（force ignore），不对其进行分析。

（3）在 KH Coder 上检索词频表，找出 CCC 的主要话题。

（4）在 KH Coder 上运行共现网络工具，实现关键词关系的可视化。

对于 WCC 的主题词分析，可遵循相同的操作步骤来进行数据统计。

4.4　结果和讨论

在 AntConc 软件中导入 WCC 作为观察语料库，CCC 作为参照语料库（一般较大的语料库设为参照语料库），设置最小出现频率为 3，显著水平设定成 0.05，按照关键性对高频词进行降序排列，识别出 WCC 中的 384 个主题词。用同样的方法可得出 CCC 中的 339 个主题词。

Scott（1999）提出主题词表通常会呈现三类词语：专有名词、实词和语法词。考虑到名词、动词、形容词、副词等实词有实际含义，更能反映话语的主要内容，进而体现报道话语的焦点，而专有名词有着比较显著的意识形态意义，所以本研究会着重分析前两类词语。为此，笔者人工剔除了功能词、无明确指向的代词以及其他分析意义不大的词，仅保留实词主题词，然后通过软件上的筛选（Filter）工具，对这些词进行自定义隐藏设置，各提取出 WCC 和 CCC 两个语料库的前 50 个高频主题词（见附录），并根据主题词生成对应的词云图（图 4-1 和图 4-2），从而更加直观地了解两个语料库的主题词情况。

图 4-1　WCC 词云图

图 4-2　CCC 词云图

WCC 和 CCC 两个语料库中排名前 50 的高频主题词都与生态环境政策或治理手段有一定的语义关联，这说明研究前期收集的语料有较强的针对性。但是两库的主题词也存在显著差异。对比发现，中外媒体关于"双碳"目标的报道关注点有所不同。

总体来说，中外媒体对于双碳议程的报道焦点存在明显差异。中国媒体主要关注"双碳"目标的内容，以及与之相关的领域和举措，包括绿色发展、森林保护、生物多样性、现代化建设、新能源发展等，而外国媒体更为关注中国的历史排放问题，同时聚焦于中美、中澳等大国关系对国际碳减排进程的影响，强调了减排与能源价格、气候变化之间的关系。

结合 WCC 排序前 20 位的主题词及其高频搭配，必要时以"点（词语）—线（语句）—面（语篇）"的语境扩展方法将索引行扩展至段落甚至语篇（许家金，李潇辰，2014），发现国外媒体对以下内容重点关注。

（1）碳排放。

coal、aluminum、bitcoin、plants、mining 等高频词都与碳排放有直接关系。以 coal 一词为例，其在 WCC 中的出现频次远超其他主题词，达到了 1103 次，从表 4-1 显示的索引行信息可以看出，在中国提出"碳达峰"和"碳中和"目标之后，不少国外媒体的报道焦点仍然是中方持续建造新的煤电厂（coal-fired power plants），表明对中国双碳承诺的不信任。这也间接说明中国在对外正面生态形象的构建上任重而道远，需要多报道切实举措和实际成效来赢得信任。

表 4-1　"coal"一词的部分共现索引行

左侧内容（left context）	主题词（hit）	右侧内容（right context）
4 percent higher than the year before. China also granted more construction permits for	coal-	fired power plants in the first six months of 2020 than it had each year
and the Centre for Research on Energy and Clean Air. China also funds building of	coal-	fired power plants abroad, partly to build influence. Many experts question whether the construction
the world's coal-fired power. Despite its climate pledges, it is still building new	coal-	fired power plants at home and investing in coal projects abroad. China commissioned so
ministry's climate change department, Mr Li Gao, said at a press briefing that new	coal-	fired power plants provided a source of employment and helped stabilise the grid with
on Tuesday (April 27). Defending China's continued use of coal, Mr Li said the new	coal-	fired power plants being built provide jobs and help stabilise the grid with a
on monopolies and hoarding, prompting a fall in the price of iron ore. China's	coal-	fired power plants could benefit from a rise in supply June 28, 2021 Huge Methane Leak
plans by the Asian Development Bank (ADB) to organize and develop a scheme to acquire	coal-	fired power plants and shut them down early. The effort, first reported by Reuters,

续表

左侧内容（left context）	主题词（hit）	右侧内容（right context）
added that any efforts will be insufficient as long as China continues to build the	coal–	fired power plants that are most responsible for planet–warming emissions. Limiting warming to 1.5
added that any efforts will be insufficient as long as China continues to build the	coal–	fired power plants that are most responsible for planet–warming emissions. Limiting warming to 1.5
would also require significant action, with China needing to shut down nearly 600 of its	coal–	fired power plants in the next decade and replacing them with renewable electricity generation
scepticism," he said. September 23, 2021 Xi Jinping says China will stop building new	coal–	fired power plants abroad *National Post* (f/k/a *The Financial Post*) (Canada) September 22, 2021
the financing of coal plants in the developing world. China's pledge to stop building	coal–	fired power plants overseas could cull U.S. $50 billion of investment as it slashes future
Chinese President Xi Jinping told the United Nations his country will no longer fund	coal–	fired power plants through China's vast Belt and Road infrastructure project, signalling momentum
announced during a United Nations address that his country would no longer fund	coal–	fired power plants through China's vast Belt and Road infrastructure project, signalling momentum

　　aluminum（铝）和 bitcoin（比特币）等高频词对应的是铝生产和比特币挖矿，对这些高耗能产业的报道体现话语攻击，具体来说就是使用"并置"❶（juxtaposition）的方式，在报道中国的"双碳"目标时提及尚未解决的环保议题，利用分量不能够相提并论的话题"劫持"（hijacking）正面话语。以下为新加坡《海峡时报》的一则报道：

　　Despite its climate pledges, it is still building new coal-fired power

---

❶　并置策略指的是报道新闻时对信息进行碎片化处理，进而利用读者的互动原则和思维定势，让他们自动填补空白，形成片面的判断和观点。并置通常会带来新的联系，而不是实现已有的联系，能够激发强烈的情感效果。

plants at home and investing in coal projects abroad. China commissioned so much coal capacity last year that it offset plant closures in the rest of the world, resulting in the world's coal-power capacity rising for the first time in five years, a report last week by the U.S.-based Global Energy Monitor group found. (*The Strait Times*, 2021-04-12)

译文：尽管中国做出了气候承诺，但它仍在国内建设新的煤电厂，还在国外投资煤炭项目。全球能源监测组织（Global Energy Monitor group）总部位于美国，上周发布的一份报告称，中国去年投产了如此多的煤炭产能，抵消了世界其他地区关闭的电厂，导致全球煤电产能五年来首次上升。(《海峡时报》，2021-04-12）

本例中，报道者使用"despite"这一转折词突出了"中国还在国内新建煤电厂，在海外投资煤炭项目"这一信息，但是并没有给出具体的数据支撑，也没有解释中方在承诺"双碳"目标之后为何反其道而行，加快兴建煤电厂。紧接着又引用了美国机构"全球能源监测组织"报告中的观点，即中国对煤炭的依赖"导致世界煤电发电量出现了五年来的首次回升"，却丝毫未提中国新能源的快速发展。这种句式安排实际上是对转述顺序和引用内容的预处理，以达到操纵意识形态的目的，很容易使读者产生一种中国政府"当面一套，背后一套"的印象。对此，《人民日报》（海外版）进行的回应是：

Much, too, has been made of China's coal plants, but the fact is that China's plants are advanced supercritical or ultra-supercritical plants, which means they are much more efficient and cleaner than many of the industrial-era legacy plants of the U.S. China has a more sustainable approach along the entire chain of production and consumption. That said, China understands coal as a transitional source that it wants to phase out. China needs to maintain back-up capacity in clean coal, as it leapfrogs into renewables, which will constitute fully 80% of its energy portfolio by 2060. As for overseas coal plants, 87% of global investment comes from the

West or Japan, and China has committed to not fund any more foreign coal plants. (*People's Daily*, 2021-11-23)

译文：还有许多的争议针对中国的煤电厂。事实上，中国的煤电厂是先进的超临界或超超临界电厂，这意味着它们比美国的许多工业时代遗留下来的电厂更高效、更清洁。中国在整个生产和消费链上采取了更可持续的方法。也就是说，中国将煤炭理解为一种正在逐步淘汰的过渡能源。中国正在推进可再生能源转型，但同时需要保持洁净煤的备用产能，预计到 2060 年，可再生能源将占其能源组合的 80%。至于海外煤电厂，这一领域全球 87% 的投资来自西方或日本，中国已承诺不再资助任何外国煤电厂。(《人民日报》，2021-11-23）

中国是工业生产的第一大国，对电力仍具有需求，为了更好地平衡电能需求和减碳承诺，中国一方面正在加快新能源发电供应，另一方面电力能源供应正在从依靠资源转变为依靠装备，新建的煤电厂基本都是采用超临界技术或超超临界技术，更加高效、清洁。同时，中方也承诺不会再资助任何国外新的煤电厂。

（2）中美关系。

外国媒体在报道关于中国的"双碳"目标时，频繁使用 U.S., Biden, Kerry, Trump, Australia, Greenpeace 等专有名词。其中，Kerry 指的是约翰·克里（John Forbes Kerry），曾任美国总统气候变化事务特使。Biden（拜登）和 Trump（特朗普）分别为语料库覆盖时间段内美国现任和前任总统。Greenpeace（绿色和平）是全球最著名的环保组织之一，其活动宗旨是保护地球环境与世界和平，该组织人员经常会以通讯员或者专家身份参与生态新闻话语建构。在 AntConc 软件中，以国家名 U.S.（美国）为例，与其左右各为 3 词的跨距中搭配最频繁的词就是 China（74 次），仅次于冠词 the（231 次）。

据此可以推测，在外国媒体看来，中美作为全球最大的两个经济体，在生态领域也具有高度依存性，双边关系正常发展对于全球碳中和目标的实现至关重要。例如，在 2021 年联合国 COP26 气候变化大会召开前，各方担心中美之间的不和会影响气候变化目标的达成。有趣的是，一些媒体提出中美在生态话语权上的竞争有利于加快全球低碳经济的发展。例如：

If the U.S. and China compete for leadership on this issue, then collectively we may see the transition to a clean energy economy unfold faster than it otherwise might. (*The Straits Times*, 2021-04-12)

译文：如果美国和中国在这个问题上争夺领导权，那么全球将会以更快的速度向清洁能源经济转型。(《海峡时报》, 2021-04-12)

（3）气候变化。

外国媒体对气候变化议题表示高度关切，一方面对中方的双碳承诺表示赞赏，另一方面又试图固化中国"环境威胁论"的生态形象。高频词warming, decarbonisation, prices 等都与生态话题息息相关。global warming（全球变暖）是气候变化的重要方面，decarbonisation（脱碳）是气候变化减缓的重要途径，而 energy prices（能源价格）则反映各方用市场"这只看不见的手"去引导能源结构的转型，是各国减排议程能够顺利推进的关键。

此外，外国媒体多次正面报道中方有关"碳达峰"和"碳中和"的announcement（公告）和 target（目标），如"China's net-zero target is a giant step in fight against climate change"（中国的净零目标是应对气候变化征程中的一大步）。然而，主题词 biggest 和 emitter 在 WCC 中分别出现了 163 次和 87 次，反映了外国媒体"中国环境威胁论"的论调。

考察关键形容词 biggest 的索引行情况（表4-2），可以发现在外国媒体的双碳话语中，中国常常被描述成"the world's biggest (carbon) emitter"（全球最大的碳排放国）。进一步对该词组的核心词"emitter"进行上下文关键字检索，可以发现其主要被用来指代中国，而且常被冠以 biggest, largest, top, worst 等修饰词（共计 85 次）来加深消极程度。

表 4-2 "biggest" 一词的部分共现索引行

左侧内容（left context）	主题词（hit）	右侧内容（right context）
to the U.N. General Assembly is a significant step for the world's	biggest	emitter of greenhouse gases, and was immediately cheered by climate campaigners
30 and to reach the carbon neutrality by 2060 China, the world's	biggest	emitter of greenhouse gases, succeeded in lowering "carbon intensity" by 18.8 per
(kingdom) March 5, 2021 Friday 12 : 18 PM GMT China, the world's	biggest	emitter of greenhouse gases, announced generally moderate new energy and climate
reported on Friday. Xi last year announced that China, the world's	biggest	emitter of greenhouse gases, would achieve a peak in carbon dioxide emissions
earlier on Friday. Xi last year announced that China, the world's	biggest	emitter of greenhouse gases, would achieve a peak in carbon dioxide emissions
and 25 percent by 2030. Mr Xi has committed China, the world's	biggest	emitter of greenhouse gases, to reach carbon neutrality by 2060, with emissions
set out in 2020. As the world's second largest economy, it is the	biggest	emitter of greenhouse gases and accounts for half of the world's coal consumption
going all out to develop this market this year. China, the world's	biggest	emitter of carbon dioxide, needs 140 trillion yuan ($21.33 trillion) of debt financing
the country into the world's tactory floor. That' also made it the	biggest	emitter of carbon dioxide, the main greenhouse gas driving climate change. The
the country into the world's factory. That's also made it the	biggest	emitter of carbon dioxide, the main greenhouse gas driving climate change. The
before China overtook the United States in 2006 as the world's	biggest	emitter of carbon dioxide. The lates friction centers on calls from the Biden administration
before China overtook the United States in 2006 as the world's	biggest	emitter of carbon dioxide. The latest friction centers on calls from the Biden administration
before China overtook the United States in 2006 as the world's	biggest	emitter of carbon dioxide. The latest friction centers on calls from the Biden administration
carbon emissions with its need for energy security. China is the	biggest	emitter of climate-changing industrial gases. The ruling Communist Party stepped

His (Xi's) promise could come to be a defining moment in the global climate crisis: the first time that China, the world's largest emitter, pledged to stop adding to the global warming that is pushing the planet towards irreversible catastrophe. (*The Independent*, 2020-09-25)

译文：习近平的承诺可能会成为全球气候危机的决定性时刻：作为世界上最大的排放国，中国首次承诺不再加剧全球变暖，而全球变暖正在将地球推向不可逆转的灾难。（《独立报》，2020-09-25）

上例中大量使用了"刻板印象"策略（stereotyping），通过先入为主的方式，试图生硬固化中国是全球变暖的"罪魁祸首"，以此达到丑化中国生态形象、弱化中国生态承诺的目的。这无疑也是媒体在意识形态差异的影响下，选择性地加工新闻话语，从而操纵国家形象的教科书式的案例。不过，值得指出的是，WCC中有两篇新闻提及了累积碳排放量和人均碳排放量等指标：

China's economic ascent over the past four decades to become the biggest producer of greenhouse gases has been rapid, but it still hasn't pumped as much CO_2 into the atmosphere as the U.S. and Europe, which began their industrial revolutions more than a century earlier. Nor is it the worst offender on a per-capita basis. (*The National Post*, 2021-03-05)

译文：过去40年来，中国经济迅速崛起，成为全球最大的温室气体排放国，但它向大气中排放的二氧化碳少于美国和欧洲，它们早在一个多世纪前就开始了工业革命。按人均计算，中国的排放量远不是最高的。（《国家邮报》，2021-03-05）

He (Xi) has argued that China, which has roughly half the per capita emissions of the U.S., should not have to move as fast as other developed countries to cut its greenhouse gases. (*The Daily Telegraph*, 2022-01-27)

译文：习近平认为，中国的人均排放量大约是美国的一半，本不必要像其他发达国家那样快速减排。（《每日电讯报》，2022-01-27）

相对来说，这两篇报道比较公正、客观地对中国碳排放量高这一现象进行了社会、历史性的回顾，即历时来看，美国才是全球最大的累积碳排放国。中国进入21世纪后在经济快速发展之下碳排放剧增，目前是世界上最大的年排放国，然而人均排放量不到美国的一半。

在"谁是世界头号排放国"这一问题上，在CCC中可以检索到《人民日报》（海外版）的相关立场：美国是"the world's largest cumulative emitter of greenhouse gases"（世界最大的温室气体累积排放国），"historically the world's largest CO$_2$ emitter"（历史上世界最大的二氧化碳排放国），"a major greenhouse gas emitter"（温室气体排放大户），"has emitted more carbon dioxide than any other country"（排放的二氧化碳总量比其他任何国家都多）。可以说，中国媒体在论及美国的碳排放问题时，更为实事求是，客观中立，明确了美国是历史累积碳排放量最多的国家，而没有故意使用模糊字眼来混淆视听。在 2021 年 8 月 11 日的一篇报道中，《人民日报》（海外版）还专门提到一些国家耸人听闻式地宣传中国是世界最大碳排放国是为了抹杀中国的减排努力。而 WCC 中多篇报道错误地指责中国是"世界上最大的排放国"，闭口不谈西方国家历史上在经济上行期的排放，也不顾中国是世界上人口最多的发展中国家，体现了东西方不同的政治立场和态度。

第五章

搭配对比研究

本章将在上一章节的基础上，应用语料库语言学中的搭配分析法，特别是其中的搭配网络分析法，进一步考察 CCC 和 WCC 两个语料库中的关注热点以及这些热点之间的关系，以探究中外双碳话语报道的不同侧重点及其背后的因素。

5.1 研究背景

钱毓芳（2010）指出，想要识别话语的内在意义，可以进行搭配词分析，首先就是要识别习惯性地与特定词语相伴或共现的搭配。节点词作为搭配网络的核心，常常用来分析话语生产者如何通过节点词及其相关话语构建意义（McEnery, 2006）。本研究借助语料库检索软件 AntConc 的搭配词（Collocates）功能，KH Coder 的高频词表（Word Frequency List）和共现网络（Co-concurrence Network）功能，以及互相信息值（MI）来考察 WCC 和 CCC 两个语料库中的节点词及其词语搭配链，以期更加直观地揭示高频关键词之间的语义关联，挖掘其背后的话语信息。

5.2 研究问题

本节主要研究以下问题：

（1）语料库 WCC 和 CCC 中"emission"（排放）、"power"（电力）、"climate"（气候）的最强搭配词是什么？

（2）这些词的搭配链有何差异，以及背后的原因为何？

5.3 数据收集

KH Coder 所统计的 CCC 和 WCC 十大高频词分别如表 5-1 和表 5-2 所示。在 CCC 中，"China"（中国）一词的出现频率最高，达到 4241 次，这是因为中国是双碳话语构建的主体。其他关键词包括"energy"（能源）、"power"（电力），说明优化能源结构和加大可再生能源等清洁能源的比例是减碳议程的重中之重。值得注意的是，"green"（绿色）和"development"（发展）的频繁出现表明中国生态文明建设的最终目标是转变经济发展模式，全面追求绿色发展。另外，"global"（全球）一词共出现 865 次，强调减少碳排放是一项全球性挑战，需要整个国际社会共同努力。

表 5-1 CCC 十大高频词

排名	单词	词性	频数
1	China	专有名词	4241
2	carbon	名词	2656
3	energy	名词	1918
4	country	名词	1821
5	climate	名词	1469
6	emission	名词	1417
7	green	形容词	1416
8	development	名词	1274
9	power	名词	935
10	global	形容词	865

表 5-2 WCC 十大高频词

排名	单词	词性	频数
1	China	专有名词	2702
2	coal	名词	917
3	climate	名词	840
4	emission	名词	795

排名	单词	词性	频数
5	energy	名词	779
6	country	名词	720
7	power	名词	602
8	world	名词	553
9	global	形容词	489
10	target	名词	366

比较 CCC 和 WCC 的十大高频词，可以发现 7 个共有词：China, energy, country, climate, emission, power, global。其中 China, energy, country, global 相对来说是常用词，经常见于各类新闻话语中，因此选用 emission、climate 和 power 作为节点词。经统计还发现这三个词语在两个语料库中均有较为充足的语料样本，而且分布广泛。

当一个文本中短距离内出现两个或多个词语，这种现象称为搭配（collocate）。搭配词之间搭配的强弱程度可以反映话语生产者的看法或态度。一般会用互相信息值（MI）、t 值和 Z 值（钱毓芳，2010）这三个统计指标来测量话语的搭配强度。而且一般 MI 值高于 3 可视作强搭配（许涌斌，高金萍，2020）。

本研究借助 AntConc 来测试搭配强度，具体做法是在该软件中以 "emission" "power" 和 "climate" 为节点词，各自取这些词左右跨距为 5，在语料库 CCC 和 WCC 中，分别可得出 MI 值大于 4 的前 10 位搭配词如表 5-3 至表 5-5 所示。

表 5-3 "emission" 的搭配词表（前 10 位）

CCC 中的搭配词	频数	MI 值	WCC 中的搭配词	频数	MI 值
buy	3	6.455	reduction	15	13.21
allowances	6	6.233	carbon	27	11.651
caps	3	6.04	control	8	11.51

续表

CCC 中的搭配词	频数	MI 值	WCC 中的搭配词	频数	MI 值
dramatic	11	6.008	cuts	9	11.326
sell	3	5.718	reductions	7	11.212
quotas	12	5.516	methane	5	10.04
intensity	44	5.107	intensity	6	9.893
reduction	98	5.058	surpasses	2	9.597
cuts	5	4.777	slope	2	9.597
intensive	10	4.648	downwards	2	9.597

表 5-4 "power" 的搭配词表（前 10 位）

CCC 中的搭配词	频数	MI 值	WCC 中的搭配词	频数	MI 值
wind	232	12.009	fired	110	4.329
generation	173	11.636	stations	22	4.038
solar	150	11.061	crunch	7	4.014
nuclear	109	10.668	station	5	3.988
fired	68	10.632	generation	46	3.815
photovoltaic	99	10.632	rationing	7	3.773
plant	88	10.507	generators	7	3.773
capacity	133	10.208	plants	96	3.551
installed	82	9.771	shortage	10	3.529
grid	51	9.491	plant	17	3.506

表 5-5 "climate" 的搭配词表（前 10 位）

CCC 中的搭配词	频数	MI 值	WCC 中的搭配词	频数	MI 值
change	779	13.7	change	370	12.098
tackling	69	10.096	envoy	67	9.718
global	232	9.973	action	65	8.841

续表

CCC 中的 搭配词	频数	MI 值	WCC 中的 搭配词	频数	MI 值
governance	103	9.9	crisis	56	8.588
tackle	68	9.893	John	32	8.191
response	56	9.592	special	20	8.037
action	95	9.453	summit	52	7.946
fight	51	9.343	fight	27	7.867
summit	72	9.2	cop	48	7.841
addressing	52	9.085	cooperation	42	7.827

5.4 结果和讨论

观察表 5-3 和表 5-5 可以发现，WCC 中节点词 "emission" 和 "climate" 的显著搭配词以名词和动词为主，而且大都为中性词汇，对包含这些词的索引行进行分析，发现其语境总体来说是对中国减排目标的介绍，以及对中美等国家在气候变化议题上的合作。

值得注意的是，"power" 的搭配词中，MI 值较高的词有 "fired"（110 次）、"plants"（96 次）、"plant"（17 次），借助索引行查询到典型短语搭配为 "coal-fired power plants"（煤电厂），这说明外媒对中国的 "双碳" 目标解读是消极的，更倾向于关注高耗能、高排放的传统发电，特别是强调中国在提出 "双碳" 目标后，仍然在国内外建造新的煤电厂，试图建构一个 "当面一套，背后一套" 的国家形象。"crunch"（7 次）、"rationing"（7 次）、"shortage"（10 次）等词与 "power" 搭配，在该库中主要指的是中国存在电力不足（power shortage/crunch）、限电（power rationing）等情况，进而对中国能否按期实现 "双碳" 目标表示怀疑。

例如，英国《卫报》在谈到中国浙江省的缺电问题时，表面上是对中国民生问题表示关切，实则是对中国正常限电措施的恶意解读，试图给中国政府扣上 "言行不一" "不顾民生" 的帽子。

The National Development and Reform Commission said there was no shortage of power supply in Zhejiang and that it could guarantee the province's demands, but simultaneously said some places had adopted measures "in order to promote energy conservation and emission reduction", the Xinhua news agency reported. Local residents were sceptical of the apparent need to turn off street lights and factory power in order to achieve reduction targets. "It's already been difficult to do business this year, now government indicators are overwhelming the common people," said one resident on Weibo. (*The Guardian*, 2020-12-24)

译文：据新华社报道，国家发展和改革委员会表示，浙江电力供应没有问题，可以保证该省的需求，但同时表示一些地方"为了促进节能减排"采取了措施。当地居民对关闭路灯和工厂电力以实现减排目标的做法持怀疑态度。一位居民在微博上说："今年做生意已经很难了，现在政府的指标让老百姓不堪重负。"（《卫报》，2020-12-24）

在这篇题为"China braces for a chilly winter on energy crisis"（中国因能源危机准备迎接寒冬）的报道中，报道者指出中国政府提出"双碳"目标后，加上中国2020年下半年对澳大利亚实施煤炭禁令，人民和各行各业艰难求生，并推断中国政府一定会被迫"sidelining its emissions targets"（搁置"双碳"计划）。通篇报道的笔触充斥着中国沦落到这种境地完全是咎由自取。

Two-thirds of China's provinces are now rationing power. Factories have closed or have reduced production. Households are going dark and street lights have been turned off. Demand for candles has soared. The impact on food processors is creating a threat to food security. Heading into a winter that is typically extremely cold, China is facing threats to its people and its economy that have no quick or easy solutions. (*Sydney Morning Herald*, 2021-10-01)

译文：中国三分之二的省份现在都在限电。工厂已经关闭或减产。家家户户都不开灯，街上的路灯也是熄的。对蜡烛的需求猛增。食品加工商也受到影响，食品安全岌岌可危。极其寒冷的冬天即将到来，中国的人民和经济都正面临威胁，而且短期内很难破解。(《悉尼先驱晨报》，2021-10-01)

经笔者查证，2021年秋冬季国内各地确实实施了不同程度的限电措施，但是并不只是为了节能减排和环保，还有其他方面的考量。当时正值新冠疫情全球肆虐，中国率先控制住了疫情，正处于复工复产的关键时期，而包括煤炭在内的各种原材料进口持续增长，导致价格迅速上涨，中国政府为了抑制投资过热，推出限电措施以引导相关企业理性生产，避免产能过剩，以应对未知的疫情变化。另外，长期以来，转变经济增长方式、优化产业结构一直是中国政府的工作重点，拉闸限电也是为了向社会和市场释放信号，慢慢淘汰高耗能企业，鼓励发展节能、低碳行业。可以说中国当时的错峰限电是基于多种考量、主动采取的战略性政策，而且只针对东部少数省市，并没有在全国推行，而且保障了老百姓的日常生活不受限制。由此可见，《悉尼先驱晨报》在这篇新闻中避重就轻，只谈"限电"举措，而对举措背后深层次、多方位的考量只字未提。另外，关于中国对澳大利亚的煤炭禁令，它也丝毫不提背后的地缘政治因素。当时，澳大利亚多次发表针对中国的无端指责、抹黑和歧视性言论，甚至刻意打压华为等中国企业，禁煤令只是必要的反制措施，而且并不会影响中国国内的煤炭供应。

相较之下，CCC中节点词的显著搭配词中出现了许多带有显性正面态度的词语。如"power"的搭配词表中出现了"wind"（282次）、"solar"（150次）、"nuclear"（109次）、"photovoltaic"（99次）等新能源，体现了中国媒体对新能源发展的历时追踪。

《人民日报》（海外版）用数据来说明中国能源结构的优化，而且明确了数据的来源，相较于英国《卫报》直接引述"一位居民"的微博，中国媒体显然更为严谨和可信。

Non-fossil fuel sources, including wind energy, nuclear energy, solar power and hydropower, account for 50.9 percent of China's total installed electricity generation capacity, exceeding the same from fossil fuel sources for the first time, said Yang Yinkai, deputy head of the National Development and Reform Commission. (*People's Daily*, 2023-06-13)

译文：国家发展和改革委员会副主任杨荫凯表示，包括风能、核能、太阳能和水力发电在内的非化石燃料占中国总发电装机容量的50.9%，首次超过化石燃料。(《人民日报》，2023-06-13)

借助索引行查询，我们发现，在CCC的"power"搭配词表中，"fired"（68次）所在的语境信息主要为"will not build new coal-fired power projects"（不会新建煤电项目），表明中国政府推行能源结构优化和双碳计划的决心。

另外，在CCC中"climate"经常与"tackle""fight against"和"address"等具有积极语义特征的词项共现，以将中国刻画为积极应对气候危机的行动者，旨在塑造中国"负责任的大国"形象。

在WCC中，节点词"climate"的搭配词中还出现了"envoy"（67次）、"John"（32次）等与政府和国家领导人有关的词语。"John"指的是美国前总统气候变化事务特使约翰·克里。这一人物与"climate"的高频搭配，反映出美国在国际生态议题中的显现度，说明外媒经常将中国的"双碳"目标与中美关系联系起来。

与此相印证的是，"U.S."和"China"共现频率较高，体现了外媒对中美两国关系的关切。从"U.S."和"China"的共现索引行（表5-6）可以看出，外媒认为中美关系是推进国际生态议题的重点。一方面，报道认为中美两国应该，也可以借助气候外交（climate diplomacy）进行合作，详细阐述了两国合作对于遏制气候变化的重大意义；另一方面，外媒也隐隐地表达了担忧，暗示美国可能会将中国视作美国世界领导地位的挑战者（America's challenger for world leadership），这将不利于国际社会一同应对气候变化的危机。

表 5-6 "U.S." 和 "China" 的共现索引行

左侧内容（left context）	主题词（hit）	右侧内容（right context）
concerns are that disagreements between the U.S. and	China	could affect whether more ambitious climate targets
perhaps climate diplomacy will be one of the elements where the U.S. and	China	could work together. But actually
Finally climate change could play into the U.S.–	China	rivalry contest for world leadership
It's always easier for both the U.S. and	China	to find consensus and then bring that consensus
to Paris, but the rest of the world still looks to the U.S. and	China	to set the tone and to create momentum
Major economies, including the U.S. and UK, have pressed	China	to tighten its climate goals but in a formal submission to the UN
and, possibly, restore the previous U.S.–	China	climate leadership under former U.S. president

　　为了进一步研究不太频繁的关键字及其与主要主题的关系，在 KH Coder 中生成了 CCC 前 240 个关键字的共现网络，设置每个关键字至少出现 200 次（图 5-1）。总共有 7 个子图，气泡的大小表示词语出现的频率，线条的粗细体现共现的强度。考虑到 6 号和 7 号子图只涉及两个共现词，可视作无效，也就是说有 5 个有效的子图。

　　仔细观察这一网络，可以发现主要话题有 5 个。在子图 1 中，核心共现词是 "emission"（排放），其强度最高的共现词有 "peak"（达峰）、"carbon neutrality"（碳中和）、"achieve"（实现），这表明中国媒体在介绍"双碳"目标时重点突出中国减排的决心。该子图中的其他搭配词，如 "national trading market"（全国碳交易市场），还体现了中国具体的减排战略和部署。子图 2 涉及语料库中的另一个主要主题，即追求绿色发展（green development），也就是统筹环境保护（environmental protection）、生物多样性保护（biodiversity）和经济发展方式转变（transformation/transition）。在子图 3 中，共现词包括 "climate change"（气候变化）、"cooperation"（合作）、"commitment"（承诺）和 "action"

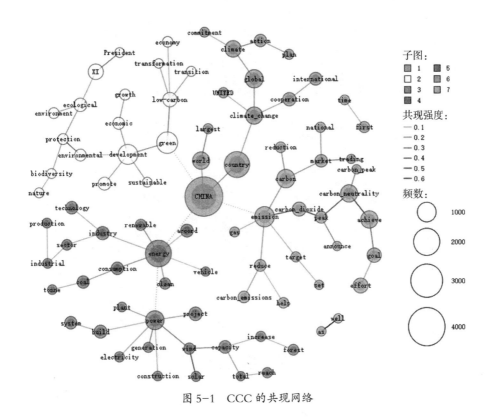

图 5-1 CCC 的共现网络

（行动），主题是中国呼吁国际社会通力合作，共同应对气候挑战。子图 4 中，围绕核心词"power"（能源）的高频共现词"renewable"（可再生）、"clean"（清洁）和"technology"（技术），表明中国认为实现"双碳"目标的关键在于发展新能源技术，推动能源结构优化升级。子图 5 以关键字"power"（电力）为中心，结合索引行信息，主要指的是中国为减少碳排放所做的具体努力，包括改革现有的煤电厂，建设更多由风能、太阳能和核能等新能源驱动的绿色电厂。综上所述，《人民日报》（海外版）基于上述 5 个方面，将中国描绘成一个负责任的大国，致力于在国内采取切实行动，并与国际社会合作，为全球气候议程作出贡献。

WCC 的共现网络也基本呈现出积极的语义网络（图 5-2），但子图 1 中核心词"China"的最近共现词"biggest"（最大的）、"greenhouse"（温室）、"emitter"（排放者），指向了对中国生态形象的消极刻画，暗示中国是"最大的排放国"，对全球变暖负主要责任。这与前文对搭配词的统计分析结果一致。

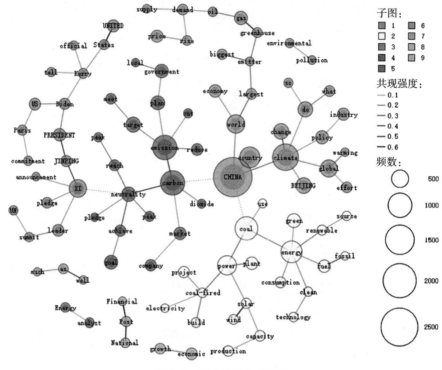

图 5-2　WCC 的共现网络

第六章

互文性对比研究

任何语篇都不是孤立存在的，而是会在时间或空间上与其他语篇有所对应，或转写或借鉴，这种"所有交际事件都利用过往事件的情景"（Jorgensen & Phillips, 2002）就称为"互文性"（intertextuality）。当然，汉语中早就存在这一概念，《修辞通鉴》中对"互文"作出如下定义："互文即上文省却下文出现的词语，下文省却上文出现的词语，参互成文，合而见义，使语言简洁凝练，语意含蓄丰富，也称互文见义"。可以说，每一个文本或多或少都是互文本，文本间通过互相吸收和改编，形成紧密的联结。语篇的这种属性被称为"互文性"。互文性分为体裁互文性和具体互文性，本章节的研究重点是形式更为明显的具体互文，以此揭示中外媒体双碳话语库中具体互文性内容的动机和目的。

6.1　研究背景

语言学家索绪尔提出，语言是表达思想的符号系统（de Saussure, 2001）。而每个语言单位可以视作一个符号，由概念和声音形象（sound image）组成。其中，概念是"符号所指"，声音形象是"符号能指"。这两者之间可以进行任意结合。巴赫金又提出了对话理论，其基本观点是任何文本本身都没有独立的意义，只有与其他文本相联系才会产生意义。我们的话语中会有别人话语的影子，我们也可以改造别人的话语从而注入我们的自我意识。在索绪尔的语言观和巴赫金的对话理论的基础上，法国文学评论家朱莉娅·克里斯蒂娃认为，"所有的语篇都是由各种引语拼凑在一起的，它们都是对其他语篇的吸收和转化"（Kristeva, 1980）。根据 Kristeva 的互文性思想，可以说所有文本都是历史的，因此都是互文性的；同时，所有的历史都是文本性和互文性的。

语言研究需要形式与意义的有机统一。具体而言，在语篇互文研究中，必须有机结合文本关系的形式与意义。当某一语篇中出现文本与文本的互文，这种关系的呈现依赖一些语言形式特征。也就是说，文本之间通过一定的关系标记，或者互文标记，来实现互文。在语言学的研究框架下，结合语篇互文性的特点，互文理论的内涵包括两大原则：关系原则和标记原则。前者指的是文本之间存在相互关联；后者指的是这种相互联系有一定的语言形式标记。两大原则缺一不可，分别聚焦于文本之间的关系意义和形式表达。理论上，任何一个文本可以与任何其他文本产生联系，可以是文本实体之间的互文关系，或者文本之间通过联想和记忆形成的相互照应。但是标记原则意味着文本之间的互文关系必须建立在互文形式标记基础上，也就是说，必须要有实实在在的依据来指向这种互文关系。具体到文本分析上，需要找到互文关系在语言形式中的具体表征来验证文本之间的互文关系。

6.2　研究回顾

Kristeva（1986）认为互文性有"水平"和"垂直"两种情况。水平互文性指文本或者文本链中前后文本之间的"对话"，垂直互文性指的是某一文本与其他文本之间的互文关系，时间范围跨度可大可小，也可是同一时代的文本（Fairclough, 1992）。互文性还有强互文性和弱互文性之分。强互文性是指一个语篇中包含了与其他语篇明显相关的语篇，弱互文性是指该语篇中的特定语义能够引起对其他语篇的联想（辛斌，李曙光，2010）。Fairclough（2003）认为互文性可以分为建构互文和明示互文，建构互文是指一个语篇通过回应其他语篇，构建起与其他习俗（文类、话语、风格、行为种类）的复杂关系，明示互文是指该语篇中明显存在其他语篇的影子，在文本表面常常可以看到引号等语言形式。

在批评话语分析的框架下，互文性的产生会受到社会的制约，甚至是权力机构的操控，提出将互文性研究与权力结合起来。话语的建构可以是常规的或者创造性的，或者利用现有的话语结构，或者改变现有的结构来对既定的社会关系、身份和知识信仰体系进行重塑（辛斌，2016）。很多时候，这两者会结合在一起使用。

还可以从语言和心理两个层面来看待互文关系。心理层面上来说，互文关系是由心理联想、记忆、潜意识、回忆、想象等心理机制造成的。语言层面上来说，互文将一个文本的整体或部分借助一定的语言形式移植到另一个文本中（管志斌，2012）。一般而言，文本会激活人们的联想记忆空间，让当事人的思想观念作为互文信息注入到该文本的解读中，进而参与这一文本的加工，影响这个文本的编码和解码，然后互文本与当前正在加工的主体文本之间就建立起了互文关系。这样说来，互文需要一定的认知基础，知识水平很低，或者原本知识水平很高但失去了记忆的人在接触一个文本时就很难与其他互文产生联想。新闻工作者通常属于知识水平较高的群体，因此可假定为联想互文能力较强的人。当然，即使是知识水平和认知能力高的群体中也会出现个体差异，互文依赖于每个人的文化、记忆、个性来对文本信息进行编码或者解码，并在语义关联的帮助下实现自然连贯的衔接，这样一来，文本之间就能突破心理联想，产生语言层面上的互文关系。

The Lancet showed that 92% of emissions above the safe level of 350ppm can be attributed to the Global North, of which 40% of these emissions are the U.S.'s alone. By contrast, China is a net creditor nation. In other words, the atmosphere (atmospheric carrying capacity), a global commons, has been colonized and monopolized by the West to the detriment of the rest of the world. In this, the U.S. bears the greatest individual responsibility for the global climate crisis. (*People's Daily*, 2021-11-23)

译文:《柳叶刀》文章数据显示，高于350ppm安全水平的92%的排放来自北半球，其中40%的排放量来自美国。相比之下，中国是一个净债权国。换句话说，大气（环境容量）这一全球公域已经被西方殖民和垄断，损害了世界其他地区的利益。在这方面，美国对全球气候危机负有最大的责任。(《人民日报》，2021-11-23)

上述例子通过引入标记语和话语标记语实现了文本间的互文。第一句话和第三句话之间起到了相互说明的关系，而且作者使用了标记成分"in other words"（换句话说）。另外，第一句话还援引了权威观点，《柳叶刀》被公认为是国际上综合性医学期刊中最具有权威性和影响力的期刊之一，作者引入这一权威互文本，形成了证实性互文关系，从而来印证主文本观点的正确性和可靠性。

有些时候，互文本还会以完整的语言文本形式嵌入主文本中，并与前后文本进行互动，建立起互文关系。

"Anyone who knows China well is sure that my country is serious about reducing carbon emissions and pursuing green development, and that we mean what we say," Zheng said in the article published days ahead of the 26th United Nations Conference of Parties on Climate Change (COP26) in Glasgow, Scotland. (*People's Daily*, 2021-10-28)

译文："任何了解中国的人都可以肯定，我的国家对于减少碳排放和追求绿色发展是认真的，而且我们说到做到"，郑泽光在苏格兰格拉斯哥举办第26届联合国气候变化大会（COP26）前几天发表的文章中如是说。(《人民日报》，2021-10-28)

"如是说"是常见的互文标记。中国驻英国大使郑泽光的原话以引入的方式进入了当前语篇，一方面为该新闻营造了一种现场感，另一方面再次重申了中国执行双碳计划的决心，有利于维护中国"言必信，行必果"的诚信大国形象。

国内学者对互文理论也相当关注。2004年，秦海鹰在"互文性理论的缘起与流变"一文中对互文性这一概念的出现和发展进行了详细介绍，还对 Kristeva 提出的互文性概念进行了归纳：引文性、社会性和转换性。引文性是指一个文本包含另一个文本，是互文性的基本表现；社会性是指互文性中的社会历史维度，是对结构主义的超越；转换性是指文本的转换生成，是互文性的工作机制。辛斌（2008）探讨了互文性在语篇研究中的意义，提出互文性可以分为具体互文性（specific intertextuality）和体裁互文性（generic intertextuality），前者指的是某一语篇包含具体来源的他人话语，以引用、引文或反讽等比较明显的形式；后者指的是同一语篇中出现多种话语风格、语域或体裁的交融，显现形式不那么明显。李玉平（2003）从多个角度对互文性进行了分类，他认为，基于互文性的强弱，互文性可分为零互文性和完全互文性。基于互文的文本载体，互文性可分为本体互文和跨体互文，当互文文本属于同一艺术门类或同一传播媒体并产生互文关系，就属于本体互文，当互文文本涉及两种以上的艺术门类或传播媒体，就属于跨体互文。基于文本的内部和外部关系，互文性可分为内互文和外互文，文本各要素之间的互文属于内互文，文本与文本以外的文本之间的关系属于外互文。基于源文本是否产生新的意义，又可以分为积极互文和消极互文。积极互文是指互文本要素进入当前文本后，使得该文本产生了新的意义，新旧意义之间形成了对话关系；消极互文是指互文性要素进入新文本后，意义没有发生变化。也有不少学者从互文性角度对批评话语的实践进行了研究，比如刘军平（2003）、李玲玲（2006）、李桔元（2008）等人撰文在批评话语理论框架下，详细讨论了诗歌翻译、文学评论和广告话语中的互文关系。

总的来说，语篇中互文关系的产生常常需要依赖引入、嵌入、镶嵌、仿拟、链接、套叠、指称、外接等形式，而且会呈现相应的互文标记，包括但不限于指称标记、话语标记和结构标记。最常见的互文标记包括"指示成分、指称词、标点符号（仅包括引号、破折号、括号）、转述语、程序式话语标记和功能明示标签。"（管志斌，2012）

新闻报道中会广泛引用有明确来源的信息，以提高新闻的真实性，使其更具说服力（高卫华，2011）。还有些时候，为了让读者更加清晰、全面地了解某一事件的背景和来龙去脉，报道者也需要在主文本的基础上，外接其他背景互文本加以补充，实现主报道语篇和外接互文本之间在形式上的相互指涉和在内在语义上的对话。

China has decided to cut its reliance on fossil fuel to less than 20 per cent by 2060, according to a cabinet document published by the state media. The new target, reported by the state-run Xinhua news agency on Sunday, comes just a week before UN climate talks are set to begin in Glasgow, where countries will discuss climate action goals. (*The Independent*, 2021-10-25)

译文：根据官媒发布的一份政府文件，中国计划到 2060 年将对化石燃料的依赖降至 20% 以下。这个目标由中国国家新闻机构新华社在周日公布，一周后各国将在格拉斯哥举行的联合国气候谈判中讨论气候行动目标。(《独立报》，2021-10-25)

在本例中，第一句话为主文本，叙述了中国政府优化能源结构的计划，也提到这是官媒发布的消息，然而报道者认为，西方读者可能对中方的"官媒"比较陌生，有必要进一步进行解释，于是通过定冠词"the"、重复等功能标签形成了主文本的外接互文本，起到了解释说明的作用。另外，在第二句话（互文本）中，报道者有意借助时间状语把中方官媒发布的消息与将在格拉斯哥举行的联合国气候谈判并置，以此暗示两个事件之间可能存在某在内在关联，从而让读者认识到中国希望更好地参与，甚至领导全球气候议题的意图。

在新闻话语中，对某个新闻事件的报道会集中在相对完整的报道语篇，也就是主文本，但是之后会有新闻编辑对该文本进行一定的加工，尤其是涉及别国事件和议题的时候。而在这一过程中，话语生产者往往会自觉或不自觉地出于某种修辞意图或主观目的，利用自身之前在阅读和学习活动中吸收的文化背景知识，进而夹带这样或那样的态度。具体表现是话语生产者会外接一些互文本，比如对之前存在的新闻，或者当下新闻语篇的上文进行具体指涉。通常情况下，编辑会通过功能标签进行标识，以此让主文本和外接文本在信息层面进行对话，便于读者对该新闻事件产生新的解读。编辑需要明示哪些话语是互文本，或是借助特定的编辑形式，或是采用相应的语言实体，以便于读者知道哪些话语是就该事件发表的意见、建议和导向性评价，哪些是有利于了解事件来龙去脉的背景文本，哪些是与该新闻事件有关的证实性文本。新闻报道本身要求很强的客观性，也就是说新闻报道的主文本需要是对当前事件的客观描述，可以有外接的互文本，但是必须有明确的标识，比如专家评论、专家意见、学术观察、权威访谈、专家建议等，从而清楚地让读者知道这些文本内容可能有一定的导向性，尊重他们的知情权。

但是上述只是一种较为理想的情况，很多时候新闻报道不仅充斥着各式各样的互文本，一些时候互文本的比重甚至超出了主文本，或者作者有意不做明示，试图隐藏其中的意图导向信息。这种有明显导向性的新闻话语或者评论不利于读者建立对新闻事件正确、全面的认知。毕竟在信息爆炸的今天，不是每个读者都会愿意花时间和精力，甚至有意识地对新闻的内容进行理性求证和批判性思考。再者，从读者角度来看，读者也会在阅读新闻时调动自己对有关话题和事件的具体知识来进行理解。

Fairclough（1995）针对新闻语篇开展了互文性的实践性研究，并提出了新闻语篇是"synthetic personalization"（合成的个人），也就是说新闻语篇的生成过程中会有不同的人或社会团体参与。邓隽（2011）曾说："新闻事件本身并无意义，要从中读出什么意义来，取决于我们从什么观点出发去认知它。"即便编辑已经尽量地遵循了新闻报道的客观、中立原则，读者也会根据自己的认知、情感和价值倾向来对主文本和互文本进行个性化的解读和评判。为此，对国家生态形象话语进行批判性分析，很有必要从互文性的角度探讨权力与意识形态之间的关系。

6.3　研究问题

目前来看，还很少有研究以互文性理论为指导，对中外新闻报道的互文性特征进行研究。为此，本章节拟研究以下问题：

（1）CCC 和 WCC 中分别出现了哪些互文性特征？

（2）这些互文起到了什么作用？

6.4　数据收集

本研究结合互文性理论，拟从引号、引语来源指示词和转述动词这三项较为明显，便于在语料库中检索的互文性特征观测指标（王立非，李炤坤，2018），来探析 WCC 和 CCC 两个语料库中语篇的具体互文关系。具体做法是在 AntConc 中检索直接引语和间接引语的标识词，另外运用 SPSS 软件进行独立样本 t 检验，根据 p 值来观察各个互文性特征指标的组间差异。

6.5　结果和讨论

6.5.1　引号

根据统计结果，CCC 中总共出现了 1846 对双引号，每千词 7.1 对，而 WCC 中总共出现了 1306 对双引号，每千词 8.1 对。$p=0.0002$，$p < 0.05$，说明中外媒体对引号的使用有明显差异。具体来说，研究发现引号在两个语料库中有以下三种用途：

（1）用于标记直接引语。

中外媒体在报道中都注重使用直接引语，来真实再现受访者的态度和观点，向读者呈现权威、可信的新闻，同时让新闻话语更具感染力。

In the journey toward global carbon neutrality, Xi called for strengthening partnerships and cooperation, learning from each other, and making common progress. "We must join hands, not point fingers at each other; we must maintain continuity, not reverse course easily; and we must honor commitments, not go back on promises," he said. (*People's Daily*, 2021-04-23)

译文：在实现全球碳中和征程中，习近平呼吁深化合作关系，提升合作水平，互学互鉴、互利共赢。他说："要携手合作，不要相互指责；要持之以恒，不要朝令夕改；要重信守诺，不要言而无信。"

（《人民日报》, 2021-04-23）

Kobad Bhavnagri, the Sydney-based global head of industrial decarbonisation with analysts Bloomberg New Energy Finance, said China's announcement was a monumental shift, noting the country's per capita wealth remained a fraction of Australia's. "It basically leaves Australia naked in the wind," he said. (*The Guardian*, 2020-09-24)

译文：彭博新能源财经分析师驻悉尼全球工业脱碳主管科巴德·巴夫纳格里表示，中国的声明是一个重要的转折点，强调中国的人均财富值远低于澳大利亚。"这一点让澳大利亚很是尴尬。"他说。

（《卫报》, 2020-09-24）

对比上述两篇新闻报道的节选，《人民日报》通过直接引语的形式转述了2021年习近平主席在领导人气候峰会上的讲话，富有新闻的临场感和感染力，仿佛将读者拉入了会议的现场，充分展现了中国愿意做全球生态文明建设的参与者、贡献者、引领者，一方面对于自身的责任和承诺毫不懈怠，另一方面积极寻求国际合作，共同发展。相较而言，《卫报》结合了间接引语和直接引语，通过间接引语对受访人的主要观点进行了简明陈述，通过直接引语充分再现了他的态度和观点。

Jeffrey Sachs, an economics professor at Columbia University and a senior UN advisor, said he expects China will achieve the goal even ahead of the date, "as China is in the process of establishing world-class technologies" in green energy and high-tech industries. (*People's Daily*, 2020-09-25)

译文：哥伦比亚大学经济学教授、联合国高级顾问杰弗里·萨克斯表示，他预计中国将提前实现这一目标，"因为中国正在绿色能源和高科技行业发展世界级技术"。（《人民日报》, 2020-09-25）

…the ambassador called the statement "courageous, bold and historical." He added, "China and Denmark have a close partnership on climate change to translate our joint vision into concrete actions. Denmark has committed to reducing Green House Gas emissions by 70% by the year 2030. Those are two very strong comparable visions!" (*People's Daily*, 2020-10-23)

译文：……大使称这一声明"勇敢、大胆、具有历史性"。他补充说，"中国和丹麦在气候变化问题上可以紧密合作，将我们的共同愿景转化为具体行动。丹麦承诺到2030年将温室气体排放量减少70%。这两大愿景有异曲同工之妙！"（《人民日报》，2020-10-23）

上述两段均节选自《人民日报》（海外版）。第一篇中，报道者将杰弗里·萨克斯关于中国有能力达成"双碳"目标的评价作为直接引语原汁原味地呈现在新闻中，而且指出该学者的头衔和身份，提高了报道的说服力和权威性。第二篇中，报道者通过直接引述，借由丹麦驻中国大使之口表现了外界对中国双碳承诺的赞赏，而且展望了两国未来在这一领域的合作大有可为，让读者可以更好地接受这一观点。《人民日报》作为中国官方媒体，权威性和公信力一直广受赞赏，但是比起大篇幅介绍相关条例和文件的官样文章，这篇报道展示个人视角对一个国家的正面评价，更加生动、自然，也更能让读者接受和信服。

He(Xi) went on to note that the Paris Agreement—which aim to curb global warming well below 2℃ —is an outline of the "minimum steps to be taken to protect the Earth, our shared homeland". (*The Independent*, 2020-09-22)

译文：他（习近平）接着指出，《巴黎协定》提出将全球气温上升控制在2℃以下，代表了"全球绿色低碳转型的大方向，是保护地球家园需要采取的最低限度行动。"（《独立报》，2020-09-22）

Climate protection might be best achieved if there is a race to the top, said Associate Professor Busby. "If the U.S. and China compete for leadership on this issue, then collectively we may see the transition to a clean energy economy unfold faster than it otherwise might." (*The Straits Times*, 2021-04-12)

译文：巴斯比副教授说，如果大家把气候保护当作是一场比赛，目标可能会更容易实现。"如果美国和中国在这个问题上争夺领导权，那么全球将会以更快的速度向清洁能源经济转型。"(《海峡时报》，2021-04-12）

上述两段分别节选自英国的《独立报》和新加坡的《海峡时报》。第一篇报道是对中国国家主席习近平对于《巴黎协定》评价的直接引述，掷地有声的呼吁很好地展现了大国领袖的气魄，有利于塑造一个勇于担当、积极作为的国家生态形象。第二篇报道直接引述了学者就中美关系推动全球气候治理进程的看法，道出了许多人的担忧，即气候变化这一问题的解决可能会遭到地缘政治的利益绑架，也传达出报道者对大国良性竞争的希冀。

总体来说，以上报道通过使用直接引语，不仅还原了新闻场景，还充分保留了原话语的形式、体裁和风格特征，把新闻内容的真实性交给被转述者来操控，从而有效削弱了叙事者自身的干预，让新闻叙事显得更加客观中立。然而，新闻报道很难避免主观意图，而这种利用双引号与当下、过去的文本进行的纵横交贯，实质上是借助互文来相互印证，甚至是加入报道者自身的观点和意识。

The timing of the announcement was equally notable, coming so close to United States elections in which climate change has become increasingly important to voters.

President Trump has pulled the United States out of an international agreement aimed at slowing down climate change. His challenger, Joseph R. Biden Jr., has pledged to rejoin the accord and promised to spend $2 trillion to slash emissions and address the effects of climate change.

"It demonstrates Xi's consistent interest in leveraging the climate agenda for geopolitical purposes," said Li Shuo, a China analyst for

Greenpeace. (*The Guardian*, 2020-09-22)

　　译文：这一声明的时机同样值得关注，美国大选即将举行，而选民非常看重气候变化这一议题。

　　特朗普总统让美国退出了一项旨在减缓气候变化的国际协议。他的竞争者小约瑟夫·拜登承诺重新加入该协议，并承诺斥资 2 万亿美元削减排放，应对气候变化的影响。

　　"这表明习近平一贯热衷于利用气候议程实现地缘政治目的"，绿色和平组织中国分析师李硕表示。(《卫报》，2020-09-22)

　　本例中，第一段话可视作主文本，报道者借由主题词"the timing of the announcement"（声明的时间）引导读者对中方宣布"双碳"目标的时机产生兴趣，提出这可能是中方出于自身地缘政治利益的考量。后两句话为次文本，其中第二段话用短短两句话就道清了美国大选将至，两党在生态议题上的对立：共和党执政政府在特朗普的带领下已经退出旨在减缓气候变化的国际协议，根据上下文不难推断出这一协议就是《巴黎协定》，而民主党总统候选人提出要重新签署该协议，并且许诺要花大力气减排。第三段话中，作者借由绿色和平组织东亚区的高级政策顾问李硕之口，提出中方在此背景下宣布"双碳"目标，是想利用气候议题来服务于本国的地缘政治利益。这一看似牵强的逻辑，在作者的精心互文安排下，也得到了一定的合理化。通过互文，媒体可以将自身的观点和见解"巧妙地"渗透到报道中，进而左右读者的价值判断和认知理解，误导读者加深对中国政府强硬外交的刻板印象。媒体的力量由此可见一斑。

　　（2）用于标记特定对象，包括缩略语、专有名词、其他值得特别关注的词语或表述。

　　引号也常常用来进行焦点管理，也就是通过操控语句的焦点，使受众按照叙述者的设想注意到更为突出、显著的消息。《人民日报》多次报道了国内外关于生态议题的外事活动。比如，在报道第十五届联合国气候变化大会（COP15）时，提到它的主题是"Ecological Civilization: Building a Shared Future for All Life on Earth"（生态文明：共建地球生命共同体），重点阐述了其中"生态文明"的表述是受到习近平生态文明思想的影响，以此突出中国生态文明话语权的提升。又如，在介绍中国各个地方在推进低碳发展时，报道者提到了"two sessions"（两会），并且对该词进行了解释："the annual meetings of lawmakers and political advisors at various levels"（各级立法者和政协委员的年度会议）。当然，相较于两会对中国各项事业发展的重要性，这种解释未免过于简单，笔者猜测这是受限于新闻版面。如果能够进一步介绍两会的工作机制，特别是凸显其协商民主的本质，不失为一个向外国受众宣传中国式民主的机会。

有趣的是，中国媒体在报道双碳计划时还大量使用了具有中国特色的话语，表6-1摘选了CCC的报道中直接引语部分的中国特色话语。

表 6-1 CCC 中的中国特色话语

英文	中文	类型
dual-carbon' goals/strategy	"双碳"目标/策略	中国特色政治话语
energy artery	能源动脉	
State Forest Village	国家森林村	
great modern socialist country	社会主义现代化大国	
a community with a shared future for mankind	人类命运共同体	
Little by little, grains of soil pile up to make a mountain and drops of water converge to form a river	山积而高，泽积而长	中国特色哲学话语
cutting one's feet to fit the shoes	削足适履	
It is more important to show people how to fish than just giving them fish	授人以鱼不如授人以渔	
Heaven does not speak and it alternates the four seasons; Earth does not speak and it nurtures all things	天不言而四时行，地不语而百物生	
killing the hens for eggs	杀鸡取卵	
draining the lake for fish	竭泽而渔	
Ecological Civilization	生态文明	中国特色生态话语
Green mountains are gold mountains and silver mountains	绿水青山就是金山银山	
"two mountains" concept	"两山"理论	

英文	中文	类型
turning waste into treasure	变废为宝	中国特色生态话语
beautiful China	美丽中国	

党的十八大以来，习近平总书记就生态议题提出了一系列新思想、新理念和新表述，以此为生态话语注入了鲜明的中国特色、中国风格与中国气派，比如"Ecological Civilization"（生态文明）、"'two mountains' concept"（"两山"理论）、"turning waste into treasure"（变废为宝）等话语体现了中国生态建设的价值取向和原则，也成为老百姓口口相传的口号，在全社会营造了一种"环境保护，人人有责"的氛围。"energy artery"（能源动脉）、"State Forest Village"（国家森林村）、"beautiful China"（美丽中国）等词反映了中国生态保护行动中的具体举措，说明中国言必信，行必果。中国国家林业和草原局曾在2019年部署建设特色鲜明、美丽宜居的国家森林乡村，截至2023年9月，已认定国家森林乡村7500多个，乡村绿化美化工作还在继续。"a community with a shared future for mankind"（人类命运共同体）等话语说明中国不愿独善其身，而是心系世界，愿意做全球生态建设的参与者，甚至是引领者。

当一国领导人对外发表演讲时，他代表的不仅是个人，更是一个国家，他的一言一行都塑造着国家的形象。比如，在联合国生物多样性峰会上，习近平主席使用了"山积而高，泽积而长"等富有哲学内涵的中国特色话语来说明生物多样性保护和环境治理无法一蹴而就，而是需要各方长期的持续努力。又如，在2020年12月12日召开的气候雄心峰会上，习近平主席还引用了李白《上安州裴长史书》中的"天不言而四时行，地不语而百物生"，意思是天地不会说话，但不影响四季运行，也不影响万物生长，比喻天地之间万事万物各有其自身的规律，它们按照自身规律去发展，以此来说明地球是需要人类共同守护的家园，呼吁与会各国代表签署《巴黎协定》。通过引经据典，不仅体现了发言者自身的风采和魅力，更彰显了中国的文化自信，而且有利于进一步宣扬中国特色话语和中国文化。当然，如何保留中国文化特色，同时更易于受众接受，这是翻译面临的一大挑战。

外国媒体也经常用引号来突出缩略语：

China is currently putting the finishing touches on a new "five-year plan" that will determine how ambitiously it will proceed with its near-term decarbonization plans. (*National Post*, 2020-09-22)

译文：中国即将推出新的"五年规划"，届时将得知中国短期内的脱碳目标会有多大。(《国家邮报》, 2020-09-22)

Such carbon markets work by incentivising polluters to reduce emissions by allowing them to trade "permits" that give them the right to emit. (*The Straits Times*, 2021-06-15)

译文：这种碳市场的运行机制是允许排放主体对排放"许可权"进行交易，以此激励他们减少排放。(《海峡时报》, 2021-06-15)

Still, climate change proved to be an oasis of rare agreement at the talks. U.S. Secretary of State Antony Blinken called it an area where "our interests intersect", while the Chinese Foreign Ministry said that both parties were "committed to strengthening dialogue and cooperation in the field of climate change". (*National Post*, 2021-04-12)

译文：尽管如此，应对气候变化会是中美会谈中难能可贵的共识。美国国务卿安东尼·布林肯称这是一个"我们利益相互交织"的领域，而中国外交部则表示，双方"致力于加强在气候变化领域的对话与合作"。(《国家邮报》, 2021-04-12)

上述第一个案例中，"five-year plan"被用于代指"the 14th Five-Year Plan (2021-2025)"（第十四个五年规划）。第二个案例中，"permit"原本是许可证的意思，在碳排放交易的背景下，它代指碳排放量。第三个案例中，"our interests intersect"指代了中美两国在气候变化议题上共同的利益。

（3）强调某个观点。

检索也发现中外媒体都经常对评论性话语使用双引号，比如称中国的承诺是"a very significant step forward"（向前迈出的非常重要的一步），意在凸显观点。

Firstly, China has previously committed to peak emissions "around" 2030, which is now replaced by "before" 2030. (*People's Daily*, 2020-09-23)

译文：首先，中国此前承诺在 2030 年"左右"达到排放峰值，现在改为 2030 年"之前"完成。（《人民日报》，2020-09-23）

Guterres said he was "encouraged" by recent announcements by the European Union and China on carbon emissions goals. "I now count on them and other main emitters to present the concrete plans and policies that will get all of us to reach carbon neutrality globally by 2050," said the UN chief. (*People's Daily*, 2020-09-25)

译文：古特雷斯表示，欧盟和中国最近宣布的碳排放目标让他感到"振奋"。这位联合国秘书长表示："我现在指望他们和其他主要排放国提出具体计划和政策，让我们所有人到 2050 年在全球实现碳中和。"（《人民日报》，2020-09-25）

The huge sacrifice China made also demonstrates its "firmest determination and greatest efforts" to make solid and detailed plans in achieving its green commitment and its devotion to solving humanity's most crucial issues, experts and industry players said. (*People's Daily*, 2021-09-23)

译文：专家和业内人士表示，中国作出的巨大牺牲也表明了其"异常坚定的决心和努力"，为实现其绿色承诺制订坚实而详细的计划，并致力于解决人类面临的最严峻的一些问题。（《人民日报》，2021-09-23）

Recognizing that "our solutions are in Nature", we could strive to find development opportunities while preserving Nature, and achieve win-win in both ecological conservation and high-quality development. (*People's*

Daily, 2020-09-30)

　　译文：我们要以自然之道，养万物之生，从保护自然中寻找发展机遇，实现生态环境保护和经济高质量发展双赢。（《人民日报》，2020-09-30）

　　上述四个例子都是节选自《人民日报》（海外版），其中第一段话通过双引号着重强调了中国将碳达峰的完成时间节点从"2030年左右"提前到"2030年之前"。在文本层面上只是一词之差，但是在语用层面上来说影响很大，这一强调也间接说明了中国对于减排的雄心和决心。第二段话中，报道者在"encouraged"一词上加了双引号来凸显联合国秘书长古特雷斯对中欧减碳合作的正面评价，而且比起普通的赞赏，该词意为"备受鼓舞"，隐含了联合国在别处的工作进展不顺利的意味。第三段话中强调的内容突出了专家和行业人士对中国力量和贡献的赞赏。可以说，新闻报道中对积极话语的强调，可以在建构国家正面形象中起到事半功倍的效果。第四段话节选自习近平主席在联合国生物多样性峰会上发表的视频讲话，双引号内的"our solutions are in Nature"（以自然之道，养万物之生）既表明了演讲者对国际生态问题的关注，也采用了一种更为隐性的话语策略，即引用双方都熟悉并且认可的生态理念，来增进中国与联合国之间的关系和友谊。

　　总的来说，借助语料库和检索软件查看CCC和WCC两库的引用内容时，可以发现引号主要承担了三种功能：直接转述，标记特定概念，强调观点。从引号的使用数量来看，中外媒体没有明显差异；从引号的使用功能来说，主要有突出中国双碳承诺的雄心和决心，提高中国对外生态形象，以及向外介绍中国特色生态话语及其背后的中国价值取向和哲学思想，以及增进双边关系。但值得一提的是，外媒语料中也出现了隐性话语策略，即使用选择性的引用和互文建构，来主导受众对语篇的解读，进而影响国家形象。

　　除引号之外，还可以通过引语来源指示词来标识信息来源，同时还能让语篇更为通顺连贯。引语来源指示词指能够指明消息来源的非动词，主要包括"according to"和"based on"（王立非，李焰坤，2018）。检索结果显示，CCC

中引语来源指示词出现的总频次为494，每千词2个，而WCC中引语来源指示词总共出现225次，每千词1.4个。使用SPSS软件进行卡方检验，中外媒体对引语来源指示词的使用有明显差异（$p=0.0002 < 0.05$）。结合索引行分析发现，文本的引语来源主要包括国际能源机构、欧洲气候中和观测站、联合国、世界银行、世界经济论坛等国际组织，中国科学院、中国外交部、国家统计局、国家发展和改革委员会等国家机关，白皮书、政府工作报告等政府公文，行业专家学者的发言，以及相关研究结果。整体来说，中外媒体在报道时都比较注重信息来源的权威性和真实性。

另外，还可以从转述动词的角度考察信息来源。Geis（1987）在他的著作《政治语言》（*The Language of Politics*）一书中把常用的转述动词（reporting verbs）按感情色彩分成两大类，即积极转述动词和消极转述动词。积极转述动词有利于给受众呈现出一个冷静、有力、可靠的形象，如"promote"（促进）、"expect"（预计）；而消极转述动词会向受众传递出冲动、怀疑的信号，如"argue"（争论）、"claim"（宣称）。当然还有中性转述动词，主要包括"say"（说）、"tell"（告诉）。笔者参照Geis（1987）列出的常见英语转述动词分类，并结合CCC和WCC两库的实际使用情况，对语料库中的转述动词、动词词组、介词和介词词组进行数量统计（表6-2和表6-3）。统计时为避免遗漏，凡是出现的动词，除动词原形外，还对其不同屈折变化形式进行了检索，包括第三人称单数，过去式和现在分词形式。

表6-2 CCC中转述动词数量统计

类型	积极转述动词	消极转述动词	中性转述动词
动词	note(181), expect(180), continue(141), stress(101), offer(81), suggest(39), welcome(36), advocate(25), praise(22), agree(22), know(9)	claim(20), blame(20), warn(17), attack(6), crack(5), deny(3), argue(1), accuse(1)	say(2137), tell(132), talk(59), report(52), publish(46), speak(35), express(26), discuss(25), quote(22), ask(17), write(8), submit(6)
动词词组	—	—	point out(42), put forward(23)

续表

类型	积极转述动词	消极转述动词	中性转述动词
介词	—	against(101)	—
介词短语	—	—	according to(429)
总计	837	174	3059

表6-3　WCC中转述动词数量统计

类型	积极转述动词	消极转述动词	中性转述动词
动词	expect(114), continue(111), offer(50), agree(43), welcome(33), suggest(27), know(24), note(18), stress(18), explain(12), acknowledge(10), advocate(9), praise(3)	warn(57), argue(30), claim(24), blame(9), attack(9), crack(9), accuse(7), deny(3)	say(1281), ask(122), talk(115), express(68), tell(55), publish(47), speak(46), submit(36), write(22), quote(22), report(10), discuss(4)
动词词组	—	—	point out(23), supposed to(5), put forward(2)
介词	—	against(52)	—
介词短语	—	—	according to(52)
总计	472	200	1910

　　互文不仅是一种语言手段，还是一种社会话语实践，允许话语生产者赋予文本一定的意识形态价值。新闻报道永远不可能完全中立，因为它们往往暗含着记者的个人偏好甚至偏见。对互文策略的不同选择表明了不同的立场和价值观。对比CCC和WCC两个语料库可以发现，《人民日报》（海外版）和其他英语报刊使用的高频词有不少是一致的。总体而言CCC库对积极意义词的使用频率更高，共计837词，也就是每千词出现了3.2次，即3.2ptw，WCC库对消极意义词汇的使用频率更高，共计202词，也就是每千词出现了1.3次，两库对中性意义词的使用频率相当，分别为每千词11.8和11.9次。这说明《人民日报》（海外版）更多地从正面角度进行报道，其他英语报刊在报道时擅于传递不同的声音，而且使用了负面情感比较突出的表达，包括"warn"（警告）、

"argue"（争论）等。双方在中性表达方式上表现趋于一致，都大量使用了"say"（说）、"tell"（告诉）、"point out"（指出）等词或词组，反映出在大部分新闻报道中，中外媒体都能够保持客观的立场。

第七章

隐喻对比研究

中外媒体双碳话语库中使用了大量隐喻（metaphor）。本章中将采用 Charteris-Black（2004）提出的批评隐喻分析（critical metaphor analysis），深入探讨 CCC 和 WCC 两库中的概念隐喻类型，试图找出这些隐喻的具体特征及其所蕴含的意识形态意义。

7.1　研究背景

关于隐喻的研究最早可以追溯到古希腊哲学家亚里士多德的《修辞学》。到了二十世纪七八十年代，隐喻研究逐渐从语言学、修辞学转向认知研究。人们越来越认同隐喻不仅是一种语言上的修辞，更是一种思想、活动和行为。人们依赖形形色色的隐喻来认识、解读他们身边的客观世界。在《我们赖以生存的隐喻》（*Metaphors We Live By*）一书中，乔治·莱考夫和马克·约翰逊从人类行为、思维方式、概念范畴和语言符号等层面对隐喻进行了全面的探究，还提出了概念隐喻（conceptual metaphor），进而为语言学研究提供了新的视角。

由于认知语言学在中国的兴起比欧美国家稍晚，因此汉语隐喻研究也相应地迟于西方，但是经历了几十年的发展，也涌现了一大批学者和著作，代表的有束定芳的《隐喻研究》、赵艳芳的《认知语言学概论》、胡壮麟的《认知隐喻学》、蓝纯的《认知语言学与隐喻研究》等。

7.2　研究回顾

人总是依赖自己的经验来认识世界，"我们无法选择是否要隐喻式地思考，因为隐喻地图是我们大脑的一部分，不管我们愿意与否，我们都会隐喻式地思考和说话"（Lakoff & Johnson, 2003）。也就是说，隐喻是一种思维方式，甚至还会影响、指导人的行动。

　　概念隐喻理论的基本观点是隐喻的本质是对另一事物的理解和体验。基于概念隐喻的理论框架，对隐喻的理解涉及两个认知域，即源域（source domain）和目标域（target domain）。由于源域的一些特征可以映射到目标域，因此人们可以用对源域的认知经验去理解目标域的内容。以"商场如战场"这一概念隐喻为例（其映射图式见图 7-1），其中出现了两个要素，"战场"是源域，容易让人们联想到战场上的厮杀和残酷，而"商场"则是目标域。借助这一隐喻，人们可以将对战场的联想和认知映射到商场上，从而更能理解商场竞争的激烈程度。又如"爱情是旅途"，在这一隐喻中，"旅途"是源域，是人们相对熟悉的、具体的东西，"爱情"是目标域，相对来说更加抽象，这一隐喻能够激发出人们对于两者之间相似性的联想。爱情就是原本不相关的两个旅人决定结伴同行，但是途中可能会有磕磕绊绊，就像旅程会有终点一样，爱情的终点会是相伴到老还是分道扬镳，谁也无法预知。基于这一隐喻，人们又能够更好地理解"他们的关系正处在十字路口"这类新的隐喻。

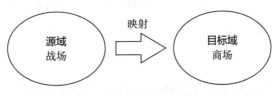

图 7-1　"商场如战场"概念隐喻的映射关系

　　根据 Lakoff 和 Johnson（2003）的划分，概念隐喻可以分为结构隐喻（structural metaphors）、方位隐喻（orientational metaphors）和本体隐喻（ontological metaphors）三部分。结构隐喻是指利用隐喻将一个概念构造成另一个概念。例如，"辩论即战争"体现了结构隐喻。辩论在人们认知中的成分与战争有一定的对应关系，都涉及争议，过程中会有互相攻击，最终都是希望达成一致的意见。方位隐喻，也称为空间隐喻，指的是赋予一个概念一定的空间方位。该空间方位的取向是基于人在身体和文化上的经验，源于人与自然的互动，比如上下、内外、前后等。这些感官上对方位的体验可以映射到情感、身体状况、数量、社会地位等抽象概念上，从而形成表达抽象概念的方位词。比如英文中有"I'm a little down"这种说法，这里的"down"指的是情绪向下，也就是情绪不好。本体"情绪不好"被赋予了喻体"下"这种方位的语义特征，形成了方位隐喻。

实体隐喻则依赖于人类早期形成的对客观世界物质的各种感知和体验。人们很容易就把抽象的、模糊的思想、感情、心理活动、事件、状态等无形的概念，与具体的、有形的实体联系起来。人的一生中，认知能力会不断提高，但记忆容量不是无限的，因此需要借助已知的概念及其语言表达，来理解和描述新的事物。比如，"计算机就像人脑""国家是一个机器"等都是实体隐喻。

隐喻在人类生活的各个方面都发挥着不同的作用，但它的主要目的是将一个事物与另一个事物联系起来，前提是这些事物之间存在相似性，而且这种相似性的认知需要形成了一定的集体意识。对外话语中也经常使用隐喻，旨在将复杂抽象的国家大事、概念、思想等与百姓的生活联系起来，让普通民众能够更好地理解政府或国家的外事目标、意图和措施。这种语境下的隐喻不仅是一种语言上的修辞现象，更是一种社会性的话语实践，不仅反映了社会的现实，还会受到社会发展的影响。因此，观察别国话语中的隐喻，可以帮助我们理解所在国的民族意识和社会心理。

话语生产者借助隐喻既可以凸显一些信息，也可以隐藏部分信息。"隐喻突出了某些现象，而抑制了其他现象。"（Lakoff & Johnson, 2003）也就是说，话语生产者可以通过预期的目的来有意识地组织隐喻概念，或突出或抑制某些隐喻现象，进而选择性地让受众看到某些问题，而忽略其他问题。另外，由于隐喻具有将抽象概念转化为具体现象的能力，可以极大地提高政治话语的说服力，进而让公众认同其理念和行动是合理正当的。也可以说，在国际生态话语的语境中，隐喻的使用不是任意的，而是有意识的选择，承载一定的意识形态和价值取向，受众在进行理解时，大脑深层的认知框架会被激活，从而形成对所描述的国家形象的认识。

近年来，学术界逐渐意识到乔治·莱考夫和马克·约翰逊的概念隐喻理论中缺失了语境元素，于是有学者倡导将概念隐喻理论和批评话语分析结合起来。Charteris-Black（2004）首次提出了批评隐喻分析模型，即运用语料库技术，结合定量研究和定性分析，从语言、认知和语用三个角度对隐喻进行批判性分析。从那时起，学者在政治、经济、法律、教育等领域的研究中广泛应用批评隐喻分析模型。Agbo 等人（2018）借助该模型，对尼日利亚总统的政治演讲语料进行分析，提出演讲中通过隐喻行使政治权力并对受众进行心理施压。马廷辉和高原（2020）则聚焦于中美贸易战有关的政治漫画，通过多模态隐喻分析，探究了美国媒体的政治立场和意识形态。还有研究运用批评隐喻分析模型探讨外交话语对国家形象建构的作用机制。例如，范武邱和邹付容（2021）对中国国家领导人在夏季达沃斯论坛开幕式上的演讲进行了批评隐喻分析，识别了建筑、旅行和拟人三类隐喻，并分析了它们在中国国家身份构建中的积极意义。

应用 Charteris-Black（2004）的批评隐喻分析，可以遵循三个步骤：隐喻识别、隐喻描述和隐喻说明。本研究拟从语言、认知和语用三个维度对所收集的新闻语料中的隐喻进行分析。具体而言，在语言维度上，本研究采用 Charteris-Black（2004）的隐喻关键词，分别在 AntConc 软件中进行检索和识别隐喻，进而确定 CCC 和 WCC 两大语料库中隐喻的类型和分布情况。在认知维度上，对其中涉及的概念隐喻和反映出的个体和社会的认知模式进行详细描述，特别是分析受众的深层认知框架如何被激活，不断将源域的特征映射到目标域，从而内化话语所包含的意识形态和价值取向，进而形成对国家生态形象的认知。第三个维度，也就是从语用角度解释隐喻，主要是将隐喻置于社会历史语境中，探究隐喻所传达的意识形态如何影响国际生态话语权，或者讨论话语生产者是基于哪些因素来作出隐喻选择的。

关于隐喻和翻译的关系，学界普遍认为翻译本身是用一种语言来表达另一种语言，这一过程就使用了隐喻，或者解构原有的隐喻，重构新的隐喻（Newmark, 2001）。隐喻翻译是对外话语翻译的难点，也是彰显对外传播效果的关键，不仅需要从修辞层面进行语言符号转换，更应从认知角度分析隐喻映射的源域、目标域及其映射条件，在目的语语境中对隐喻进行再创造。

综上所述，很有必要进一步借助语料库，获取并观察"双碳"目标相关隐喻表达式的使用情况，进而探讨其概念化的认知机制为何，以期进一步了解国家形象的建构机制。

7.3 研究问题

本章节要回答以下问题：

（1）中外媒体在双碳议题的相关报道中各自使用了哪些隐喻？

（2）这些隐喻体现了怎样的映射关系？

（3）不同组的隐喻之间有哪些异同，以及如何解读？

7.4 数据收集

根据前文所述，对概念隐喻进行分析的第一步是识别隐喻。本研究采用Pragglejaz Group（2007）总结提出的一套隐喻识别方法，按照以下四个步骤来识别 CCC 和 WCC 两库中的隐喻。同时，根据 Charteris-Black（2004）提出的"源域共鸣值"计算方法，计算不同隐喻类型的共鸣值以及各个隐喻的共鸣值，以此从定量的角度来确定语料库中各个源域使用的关键词和频率，确定各个隐喻类型的典型程度。

（1）根据隐喻的映射关系，并结合前人的研究成果，尽可能多地列出生态语篇中可能出现的隐喻关键词。

（2）对比语料库的关键词，筛选出适合本研究考察的隐喻关键词，确定源域并进行分类。

（3）梳理出概念隐喻中共鸣值最高的隐喻类别，在 AntConc 软件中进行索引行分析，对比 CCC 和 WCC 两库在隐喻使用频率和特征方面的异同。

（4）根据两库的对比分析探究适用于生态话语隐喻的翻译策略。

源域共鸣值的计算公式为：

$$共鸣值 = \Sigma\ 关键词类型 \times \Sigma\ 关键词出现次数$$

关键词类型即某一源域类型下的隐喻关键词类型。共鸣值就是某一源域类型下的隐喻关键词类型之和与各个关键词出现的次数之和相乘得到的结果（吴丹苹，庞继贤，2011）。

7.5 结果和讨论

本研究搜集的语料中出现了大量的隐喻，以"war"（战争）为例，该词在CCC和WCC两库中分别出现11次和23次。通过人工筛查，筛除了WCC中"Ukraine War"（俄乌冲突）和"cold war"（冷战）搭配的计次，最终两库中"war"的使用频次为11次和10次。库中出现俄乌冲突的语境主要是谈论该战争对能源价格的影响。观察这些战争隐喻所在的索引行，发现两库都多次出现"war against pollution"（对抗污染的战争），"war on air pollution"（对抗空气污染的战争），"war on climate change"（对抗气候变化的战争）等说法，表明中外媒体在报道时倾向于将减排与战争这一概念联系起来，体现了全球生态问题的严峻性和生态保护的紧迫性。战争在大部分时候会激发消极的联想，但是在用于防止污染这一生态叙事中未必只有消极意义。这是因为战争隐喻也会让人联想到战斗精神，发挥主观能动性，从而起到鼓舞士气的作用。为此，经常可以在抗击病毒、抵御疾病等叙事主题中看到战争隐喻。由此可见，隐喻的阐释必须依赖一定的语境，而且要灵活辩证看待。

有意思的是，英国《卫报》在报道中使用了"war of words"（口水战）来指称2021年在阿拉斯加州举行的中美高层战略对话中双方的唇枪舌剑、剑拔弩张。

> Biden has so-far shown no sign of changing course on his China policy. Compared with his predecessor his tone may appear more discreet, but the war of words between top American and Chinese diplomats last

month in Alaska offered a glimpse at the tensions beneath the surface. (*The Guardian*, 2021-04-22)

译文：迄今为止，拜登没有表现出改变对华政策的迹象。与他的前任相比，他的语气可能显得更加谨慎，但上个月中美两国在阿拉斯加高层战略对话中的口水战让我们得以一窥谈判桌下的紧张局势。（《卫报》，2021-04-22）

为了更加深入地了解两大语料库中的隐喻，本研究基于前文所述的步骤，提取了语料库中出现的五种概念隐喻，包括战争隐喻、旅程隐喻、颜色隐喻、建筑隐喻和亲密隐喻。各个类别下的隐喻关键词主要是基于隐喻的映射关系和前人研究成果筛选而来，检索时对于动词、名词关键词的各个词形变化都进行了检索，并且结合索引行分析，对实际上没有使用隐喻修辞的进行了人工筛除，从而尽可能确保数据统计的有效性（表7-1）。统计两个语料库中主要隐喻类型的使用频率，结果如表7-2所示。

表 7-1　中外媒体双碳话语语料库中的主要隐喻类型及关键词

概念隐喻	CCC 隐喻关键词	WCC 隐喻关键词
战争隐喻	threat(s)(20), war(11), conflict(8), attack(6), threaten(6), defend(2), victim(2), compete(5)	threat(s)(45), compete(22), threaten(21), conflict(14), rivalry(10), rival(11), attack(8), war(10)
旅程隐喻	path(125), road(40), journey(27), direction(22), course(21), derail(3), destination(2), boat(2)	road(29), direction(23), path(14), course(14), journey(4), derail(3)
颜色隐喻	green(1565), blue(41), gold(23)	green(338), gold (2)
建筑隐喻	build(532), lay(32), foundation(25), shape(15), bridge(14), reinforce(9), cornerstone(6)	build(175), lay(21), reinforce(6), shape(3), bridge(3), cornerstone(1)
亲密隐喻	share(146), together(127), common(101)	together(40), common(20)

表 7-2　中外媒体双碳话语语料库中主要隐喻类型的使用频率（ptw）

概念隐喻	CCC 使用频率	WCC 使用频率
战争隐喻	0.2	0.9
旅程隐喻	0.9	0.5

续表

概念隐喻	CCC 使用频率	WCC 使用频率
颜色隐喻	6.3	2.1
建筑隐喻	2.4	1.3
亲密隐喻	1.4	0.4

　　CCC 中使用频率最高的为颜色隐喻，使用频率最低的是战争隐喻；WCC 中使用频率最高的也是颜色隐喻，使用频率最低的是亲密隐喻。对比来看，两库使用频率差异较大，其中颜色隐喻的使用频次差异最大，其次是建筑隐喻、亲密隐喻、战争隐喻和旅程隐喻。整体来看，CCC 中的隐喻使用频率明显要高于 WCC 中，这说明中国媒体在就"双碳"目标进行报道时喜用隐喻手法来简化复杂的生态话语概念，通过形象具体的语言来拉近与受众间的距离。

　　根据源域共鸣值的计算公式，分别计算 CCC 和 WCC 中主要隐喻类型的共鸣值，结果如表 7-3 和表 7-4 所示。

表 7-3　CCC 中主要隐喻类型的共鸣值

概念隐喻	Σ 关键词类型	Σ 关键词出现次数	共鸣值
战争隐喻	8	60	480
旅程隐喻	8	242	1936
颜色隐喻	3	1629	4887
建筑隐喻	7	633	4431
亲密隐喻	3	374	1122

表 7-4　WCC 中主要隐喻类型的共鸣值

概念隐喻	Σ 关键词类型	Σ 关键词出现次数	共鸣值
战争隐喻	8	141	1128
旅程隐喻	6	87	522
颜色隐喻	2	340	680
建筑隐喻	6	209	1254
亲密隐喻	2	60	120

7.5.1 颜色隐喻

两库的映射类型分布比较集中，其中颜色隐喻最普遍，而颜色隐喻中又以"green"（绿色）最为典型，可以说绿色是中国生态文明话语体系中采用的主要隐喻概念。接下来以 CCC 中的颜色隐喻为例考察隐喻的应用情况。借助 AntConc 软件，在 CCC 中以"green"为节点词，取该词右跨距为 5，发现搭配频率排名前 5 的词语为 green development（380 次）、low-carbon（274 次）、energy（130 次）、finance（122 次）和 transition（93 次），对应的概念包括绿色发展、绿色低碳，绿色能源，绿色金融、绿色转型、绿水青山、绿色生活方式等。

色彩作为一种直接的感知体验，往往成为抽象概念的隐喻表征。"绿色"代表着自然和生命，在人们的日常认知中它与自然有着密切的联系。绿色隐喻可以映射出湖光山色的美丽自然意象，从而唤起人们对环境保护的欲望。一系列的"绿色"隐喻通过色彩认知系统让环境治理过程不再那么抽象，以此让民众清晰地了解我国已全面进入绿色转型阶段，追求绿色和低碳发展，通过环境治理努力修复并保持生态自然的绿色活力。蓝色隐喻的用法有着异曲同工之妙，借助人们对于蓝天的美好联想，了解中国对生态保护的重视和价值追求，对应的概念包括蓝天白云、蓝色经济。值得一提的是，该语料中"红色"隐喻出现了 10 次，对应的概念包括红线、红色名录。红色在人们的认知里意为警示，红色一方面营造了一种环境危机迫在眉睫的感知，说明了我国生态文明建设面临严峻挑战；另一方面，"生态红线"（red lines）的划定，说明我国采取了严格的环保措施。

7.5.2 建筑隐喻

生态文明建设是我国环境治理方面的国家战略，是一个宏大的发展目标，远非一朝一夕所能实现。建筑隐喻在这一概念的诠释上发挥了重要作用。根据两库中使用的隐喻关键词，"foundation"（基础）、"cornerstone"（基石）等词体现了生态环境对于人类社会发展的基础性作用；"bridge"（桥梁）体现了生态保护需要国际合作的叙事；"build"（建造）、"lay"（铺设）、"reinforce"（加固）、

"shape"（塑造）等词一方面凸显了生态环境建设有如平地起高楼，需要系统性和长期性的投入，另一方面强调各方要尽快采取切实行动。在建筑隐喻中，对应的源域包括根基、屏障、建设、修复、桥梁和蓝图。总的来说，建筑隐喻不仅表明生态文明的实现是一个循序渐进的过程，也发出了倡导，鼓励全球各国共同参与生态保护，鼓励民众关注当下的环保行动，从而共同促进环境问题的妥善治理。

7.5.3　旅程隐喻

本研究所选语料中也频繁出现旅程隐喻，即在生态文明建设与道路系统之间构建了映射关系。这类隐喻话语中，突出生态文明建设是对传统工业文明"老路"的扬弃，在坚持天人合一理念和自然规律的基础上，寻求可持续发展的"新路"。发展与保护并行的"旅程"是道阻且长的，需要各方共同合作，国际关系的复杂性导致合作过程容易出现问题，甚至"脱轨"，需要攻克的困难很多。但是只要坚持稳扎稳打，生态文明建设一定可以稳步前进，最终一定可以抵达旅途的"目的地"，也就是顺利达成减排目标。综上所述，在旅程隐喻中，对应的源域包括稳步、道路、旅程、方向、脱轨和目的地。

7.5.4　战争隐喻

两库中都使用了战争隐喻，对应的源域包括攻坚战、保卫战、革命、威胁、攻击和冲突。在"环保是一场攻坚战"的隐喻模式下，生态危机是人类面临的共同"威胁"，需要发动对生态环境的"保卫战"，掀起一股"绿色革命"。但是减碳本身就是伤筋动骨的事业，在减缓气候变化的共同目标之下仍旧存在各方力量的"博弈"。只有各方通力合作，才能"打赢"这场污染防治"攻坚战"，国家间可能会在自主碳排量多少、减碳目标高低、减碳措施等方面相互"攻击"，甚至将冲突带到生态外的领域中。

7.5.5　亲密隐喻

值得注意的是，WCC 中战争隐喻的出现频次明显高于 CCC。结合具体隐喻关键词和所在索引行来看，国外媒体在报道时更加关注生态议题上中外关系的竞争（compete）和对立（rivalry），甚至试图渲染中国是威胁（threat）这一种论调，将中国塑造成各种负面的形象。而在亲密隐喻类型中，CCC 中的隐喻关键词频率明显高于 WCC，这说明中国媒体在进行相关报道时更为强调是各方需要一起（together）应对气候变化、环境恶化这些全人类共同面临的挑战，分担（share）减碳这一共同（common）目标和任务，并且在具体实践中分享（share）好的经验和做法。接下来，结合具体事例来看看。

China's commitments were raised last week when he met with leaders of the European Union, which had threatened to impose carbon tariffs if China did not reduce its emissions. (*The New York Times*, 2020-09-23)

译文：上周，习近平主席会见欧盟领导人时，提出了中国的（双碳）承诺，而欧盟曾威胁如果中国不减少排放，将征收碳关税。(《纽约时报》，2020-09-23)

Pledging to do more on the climate could at least counterbalance the rising anger China faces in Europe and beyond over its record of oppression in Xinjiang and Tibet[1], its territorial conflicts in the Himalayas and the South China Sea, military threats toward Taiwan and a sweeping crackdown on Hong Kong's autonomy. (*The New York Times*, 2020-09-23)

译文：中国承诺在气候问题上采取更多措施，至少可以抵消欧洲及其他地区对中国一些问题的怒火，包括对新疆和西藏的压制、喜马拉雅山和南海的领土冲突、对台湾的军事威胁以及对香港自治的全面打压。(《纽约时报》，2020-09-23)

在以上两段节选自《纽约时报》的报道中，报道者将中国雄心勃勃的减排承诺描述成欧盟施压的结果和平衡国际负面舆论的考量。在第二段中，报道者

---

[1] 西方反华势力长期利用 "Tibet" 一词制造 "大藏区" 概念，《地名管理条例》明确规定，"西藏" 作为省级行政区名称，其英文翻译依法调整为 "Xizang"。

还不分青红皂白地对中国内政指手画脚。这里也运用了上一章提到的间接引语来构建互文结构，但是比起直接引语，间接引语赋予了转述者更大的自由，可以随意对源文本进行筛选、提炼，甚至是改编，从而突出转述者自己的立场态度。一系列的负面词汇，如"anger"（怒火）、"oppression"（压制）、"conflicts"（冲突）、"threats"（威胁）、"crackdown"（打压），代表着报道者对中国的无端指责，试图抹黑中国的形象，而且在生态叙事中夹带着对中国人权问题指手画脚，这一做法实在是居心叵测。

While China's war on pollution has achieved significant gains, the progress has been uneven, and even accompanied by unintended or undesirable consequences, says Dr Huang, who is also a professor and the director of global health studies at Seton Hall University's School of Diplomacy and International Relations. (*The Straits Times*, 2020-10-13)

译文：西顿霍尔大学外交与国际关系学院教授兼全球健康研究主任黄博士表示，虽然中国的污染攻坚战取得了重大成果，但进展并不均衡，甚至带来了意想不到或不良的后果。(《海峡时报》, 2020-10-13)

Still, with more visible blue-sky days and a concerted propaganda effort to highlight its achievements, Beijing has successfully controlled the narrative—and public opinion—on its war on pollution. (*The Straits Times*, 2020-10-13)

译文：尽管如此，随着雾霾日肉眼可见地变少，还有铺天盖地的正面报道，中国政府成功地控制住了有关其污染治理的叙事和公众舆论。(《海峡时报》, 2020-10-13)

China's international climate leadership seems to be in direct conflict with Beijing's continued promotion of fossil fuel projects at home and abroad… (*The Nation*, 2020-09-30)

译文：与中国在国际气候议题上不断提高的领导力相对比的是，该国政府仍在国内外继续推进化石燃料项目……(《民族报》, 2020-09-30)

在新加坡《海峡时报》2020 年 10 月 13 日发布的这篇报道中，报道者先扬后抑，旨在突出中国污染攻坚战所带来的负面影响。任何改革势必会带来阵痛，更何况是减排这一影响各行各业的事业，外媒的这一批评实在是毫无依据。匪夷所思的是，报道者更是提出中国政府在环保事业上的成就是为了控制舆论。泰国《民族报》的文章指责中国一方面在国际生态议题中扮演领导者的角色，另一方面继续在国内外资助传统耗能项目，却是空口无凭，没有事实论证。

当然，也有媒体比较中立客观地分析了中美在生态议题上的竞争。比如下列中报道者提到中美若能良性竞争，那么清洁能源转型事业将可以更高效地推进。

Beneath their overall broad agreement on climate goals, the U.S. and China can compete constructively, say experts. Such competition can help to spur domestic change and international momentum to transition to clean energy more quickly and effectively. (*The Straits Times*, 2021-04-12)

译文：专家表示，在气候目标上达成广泛共识的背景下，美国和中国可以进行建设性的竞争。这种竞争有助于刺激国内外实现更快、更高效的清洁能源转型。(《海峡时报》，2021-04-12）

中国国家主席习近平在多个外交场合表示，"应对气候变化是全人类的共同事业，不应该成为地缘政治的筹码、攻击他国的靶子、贸易壁垒的借口。"中国在生态议题上一贯的立场是应对气候变化并不是为了服务地缘政治利益，更不会因此故意攻击别国，制造不必要的争议。碳减排本身就是一项刀口向内的事业，在 UNFCCC 的引导下，鼓励各国自主根据各自实际情况确定减碳目标，中国作为世界上最大的发展中国家，提出的"双碳"目标已经代表全球最高的碳排降幅，意味着巨大的代价和牺牲，但即便如此，部分外媒固守偏见，或指责中国的减排目标设得过低；或承认中国减排承诺重大，但又质疑中国的决心和措施不力；或恶意揣测中国减排是为了谋取谈判筹码和地缘政治利益；或故意凸显中国减排的后遗症。这说明如何从隐喻翻译角度来减少偏见与误解，提高中国对外生态话语传播的有效性仍然任重而道远。

第八章

元话语对比研究

话语是一种社会实践，需要话语生产者与接受者共同介入来生成话语的意义，中国国家话语的对外译介和传播还涉及语言的协调。这一过程中元话语发挥着重要作用。本章将根据 Hyland（2005）提出的人际互动型元话语分类框架，探析 CCC 和 WCC 两库中的元话语类别和使用情况，以此对比中外媒体在报道中国"双碳"目标时的立场和态度。

8.1　研究背景

元话语（metadiscourse）是功能语言学中的重要概念，近年来在国内外学界引起了广泛关注。该概念目前还没有明确的界定和分类方法。普遍采纳的定义是元话语包括"所有不涉及命题意义的内容"（Williams, 1981）。Vande Kopple（1985）指出元话语是语篇中与命题信息内容无关的话语，但是能够引导读者"组织、分类、解释、评价"语篇信息。简单来说，话语生成者可以借助元话语来组织语篇，表达观点，进而更有效地传达话语内容和立场，与读者建立良好的互动关系。

在这一基础上，Hyland 和 Tse（2004）确定了元话语的三大特征：不同于话语的命题；体现作者与读者在语篇层面的相互行为；仅探讨话语的内部联系。Hyland（2005）研究元话语多年，把元话语分为文本交互型元话语（interactive metadiscourse）和人际互动型元话语（interactional metadiscourse）。前者用于标示语篇中的话语结构，更好地传达话语内涵；后者侧重于话语生产者与读者之间的关系。

元话语往往依赖具体的标记语来实现其功能，所以元话语通常以词、语和标记的形式出现，又可以称为元话语标记语。其中，人际互动型元话语又包括五类标记语，不仅是话语生成者与接收者通过协商构建互动关系的重要语言资源，而且可以折射出话语主体的立场和态度。具体分类及功能见表8-1。

表8-1 人际互动型元话语分类及功能

类型	功能	中文示例	英文示例
增强语（boosters）	表达发话人的确定性以凸显对内容的信心或构建封闭性的对话	确定、事实、坚决、一定、全面、强调、始终、一贯、任何、完全、严重	in fact，definitely，clear, clearly, must, will, certainly, obviously, demonstrate
模糊语（hedges）	表达发话人的不确定性以降低对内容的责任或建立开放性的对话	可能、似乎、一些、多次	may, might, perhaps, possible, possibly, about, seem, appear, probably, maybe
态度标记语（attitude markers）	表达发话人对命题内容的情感、态度和评价	同意、应该、所谓、愿意、重要、希望、显著	unfortunately, agree, should, have to, surprisingly, prefer, remarkably, appropriate
自我提及语（self-mentions）	明确地提及发话人自身	我（们）、我（们）的、中方、中国政府	I, me, my, we, our, ours, us, China, Chinese
介入标记语（engagement markers）	明确地提及受话人，表达出建立联系的意愿	你（们）、你（们）的、两国人民/政府/企业、各国人民/政府/企业、一道、大家、国际社会	you, your, yours, international community

8.2 研究回顾

国内外学者就不同领域的元话语开展了研究，包括教材、期刊论文和学术讲座等的学术话语（Hyland, 2005; Mur-Duenas, 2011; Bu, 2014; Lee & Subtirelu, 2015），二语学习者的作文（Hyland & Tse, 2004; 徐海铭，龚世莲，2006; 曹凤龙，王晓红，2009），企业年报等商务话语（黄莹，2012）。但是还很少有研究关注生态文明话语中元话语的使用情况，结合语料库对这类话语中元话语的使用特征进行跨文化对比的研究更是屈指可数。前文已经提到，人际互动型元话语的使用既能反映作者的态度，又能体现读者参与语篇意义构建的程度。为此，本章将对比研究中外媒体对人际互动型元话语在使用上的异同，特别是如何通过这类语言资源来标示交际意图、与读者进行互动、影响他们的理解和评判，并探究背后的语言、文化等因素。

8.3 研究问题

自中国向世界庄严承诺"双碳"目标以来，中国政府和人民一直在减碳行动，相关报道的话语也越来越丰富，对外生态话语体系也日趋充实，但是如何有效传递信息、加强跨文化沟通、构建好中国生态大国的形象仍然是任重而道远。前文已经指出，《人民日报》作为中国官媒，其英语报道内容多由中文编辑起草，然后进入相应的翻译流程，即使有母语审校把关，但是译文的行文措辞不可避免地带有中文的思维和语言特点，当出现与目的语读者的文化、意识形态契合度低的内容时，对外译介的效果就会大打折扣，甚至有损于国家正面形象的塑造。元话语作为话语中相对稳定的语言资源，如果使用得当，不仅可以让晦涩枯燥的新闻变得连贯、富有逻辑，而且可以引导读者关联特定的语境，与话语生产方形成积极的人际互动关系，从而提高话语的可信度。基于此，本研究基于自建的中外媒体双碳话语库开展对比研究，以期回答下列问题：

（1）中外媒体在报道中国"双碳"目标时使用的元话语资源类型、频数、分布特征、聚类模式等如何？

（2）从修辞学角度来看，双方的元话语标记语有何特征？体现了哪些诉求？

（3）造成上述异同的潜在原因有哪些？

8.4　数据收集

本研究使用 AntConc 软件在 WCC 和 CCC 中选取词频为 500 及以上的高频词作为目标语料，然后根据 Hyland（2005）提出的人际互动元话语标记语，对其中的高频词和所在的索引行进行人工识别和统计。对于笔者无法决断的部分标记语，咨询语言学专家予以确认。另外，统计元话语频次时，笔者注意到部分动词类词汇，如 seem, appear, have to, agree, prefer, demonstrate，会因格、数、性等语法要求出现多种词形变化，因此分别检索并合计，以免有遗漏。检索中还排除了一词多义的情况，比如 about 除了表示"大约、差不多"的意思，还常常作为介词与动词、形容词等进行搭配使用，而后者显然不属于模糊语的范畴，需要排除；又如 clear 在作为"清晰、明确的"之意时可视作增强语，常用于"it is clear that""we make it clear that"等固定搭配中，但是 CCC 中也经常会出现"clear water(s)"这一搭配，后者不能计入增强语的范畴。具体步骤如下：

（1）根据表 8-1 的分类，分别统计五类话语标记语在语料库 CCC 和 WCC 中的频次，基于此分析中外媒体在元话语使用上的特点和异同。

（2）结合语料实例探究人际互动元话语如何通过介入读者、传达态度等塑造中国国家生态形象，并从多个角度阐释背后的原因。

8.5　结果和讨论

使用 AntConc 筛选出高频词，然后人工识别出五类话语标记语（表 8-2）。中国媒体双碳话语库中共使用了 8597 个人际互动元话语，国外媒体双碳话语库中共使用了 2321 个人际互动元话语。CCC 中使用频率最高的是自我提及语，WCC 中使用频率最高的是介入标记语（表 8-3）。接下来具体探讨中外媒体人际互动元话语的使用特点、异同及其背后的原因。

表8-2 中外媒体双碳话语语料库中的高频元话语示例

类别	CCC	WCC
增强语	will(1319), would(182), clear(39), obvious(ly)(13), certainly(10), clearly(10), demonstrate(53), in fact(6), definitely(3)	would(100), will(97), must(72), clear(56), certainly(23), obvious(ly)(11), demonstrate(13), in fact(6), clearly(5), definitely(4)
模糊语	about(244), may(33), possible(32), might(17), seem(8), appear(6), probably(3), perhaps (2)	about(156), may(120), possible(46), might(42), appear(34), seem(24), perhaps(15), probably(12)
态度标记语	remarkable(ly)(41), have to(39), should/shall(29), agree(22), appropriate(ly)(8), surprisingly(2)	should/shall(136), have to(67), agree(67), remarkable(ly)(5), appropriate(ly)(5), unfortunately(4), prefer(2)
自我提及语	China(4388), we(507), our(193), I(93), us(68), Chinese people(22), Chinese government(21), me(10), my(10)	we(282), our(100), I(98), us(68), my(14), me(7)
介入标记语	the world(703), man/human(s)/humanity/mankind(330), international/global community(84), you(43), your(4)	the world(507), you(58), man/human(s)/humanity/mankind(39), international/global(climate) community(17), your(9)

表8-3 中外媒体双碳话语语料库中高频元话语的使用情况

类型	CCC		WCC	
	频次	频率（ptw）	频次	频率（ptw）
增强语	1635	6.3	387	2.41
模糊语	345	1.33	449	2.79
态度标记语	141	0.54	286	1.78
自我提及语	5312	20.46	569	3.54
介入标记语	1164	4.48	630	3.92

8.5.1 增强语

具体来说，中外媒体都有使用增强语，但双方在使用习惯上存在明显差异。外媒对增强语的使用频率（2.41ptw）要远低于中方媒体（6.3ptw），中方媒体多用will，would等助动词，而且用词类型相对单一；外媒除了使用助动词，还多次使用了clear（56次），certainly（23次）等副词。增强语表示发话人对于陈述的话语信息非常确定，没有商讨的余地。从语用角度来看，增强语可以提高所传递信息的可靠性，所表达观点的赞同力度，以及凸显话语主体在人际关系中的优势（钟兰凤，郭晨露，2020）。接下来结合语料实例来具体分析。

Chinese President Xi Jinping has announced at the recent general debate of the UN General Assembly that China will update and enhance its nationally determined contribution targets, introduce stronger policies and measures, and strive for the peaking of carbon dioxide emissions by 2030 and carbon neutrality by 2060. (*People's Daily*, 2020-09-27)

译文：中国国家主席习近平日前在联大一般性辩论上宣布，中国将提高国家自主贡献力度，采取更加有力的政策和措施，二氧化碳排放力争于 2030 年前达到峰值，努力争取 2060 年前实现碳中和。(《人民日报》，2020-09-27）

China has spearheaded the global fight against climate change by mapping clear action plans and realizing its goals step by step. (*People's Daily*, 2020-12-29)

译文：中国制定了明确的行动计划，一步步实现目标，已经成为全球应对气候变化的先锋。(《人民日报》，2020-12-29）

China's contributions in promoting global low-carbon development are obvious to all. (*People's Daily*, 2022-09-16)

译文：中国在推动全球低碳发展方面的贡献有目共睹。(《人民日报》，2022-09-16）

第一段话中，中方媒体使用增强语"will"，它既表示计划，也表达意愿和能力。中国借联合国大会这一国际沟通机制向全世界庄严宣告"双碳"目标，表明这一计划是自主的、坚定的、毋庸置疑的。CCC 中类似的承诺表述还有很多。第二段话中，增强语"clear"（明确的）通过修饰"action plans"（行动计划）一词，强调中国有明确具体的减排计划，"双碳"目标绝不是空谈。第三段话中的增强语"obvious"（明显的），包括后面用到的形容词"unshakable"（不可动摇的），强调了中国减排的决心和对世界的贡献。这些

133

增强语的使用有利于更加明确地表达中方在这一国际议题中的立场，减少误解发生的可能性。

Zhang Shuwei, chief economist at Draworld Environment Research Centre, said: "As the first five-year plan after China committed to reach carbon neutrality by 2060, the 14th five-year plan was expected to demonstrate strong climate ambition." However, the draft plan presented does not seem to meet the expectations. (*The Guardian*, 2021-03-05)

译文：卓尔德环境研究中心首席经济学家张树伟表示，"第 14 个五年计划是中国承诺到 2060 年实现碳中和后的第一个五年计划，人们期望看到强大的气候雄心。然而，提交的计划草案似乎并没有达到预期。"（《卫报》，2021-03-05）

这个例子使用增强语 demonstrate，借增强语达到欲抑先扬的修辞效果。作者先是提到中国承诺 2060 年前实现碳中和后发布了国民经济和社会发展的第十四个五年规划，紧接着提出该规划没有展现 "strong climate ambition"（强大的气候雄心）。后文作者有对此进行补充阐述，提出该规划 "allowed for annual targets"（设定了年度 GDP 增长目标），进而仓促地引出结论："this could allow the growth rate of China's emissions to speed up even further, rather than slow down, as is needed"（会导致中国的碳排放量加速增长，而非放缓）。回到该报道的标题："China's five-year plan could push emissions higher unless action is taken"（除非采取行动，否则中国的五年计划可能会推高排放量），报道者很明显是带着预设的立场，暗指中国最新发布的五年计划与其双碳承诺相矛盾，试图营造中国言而无信、朝令夕改的假象。然后，事实是中国的 "十四五" 规划对生态环保工作的方方面面都做了详细的安排，从降低单位 GDP 能耗、改善城市空气质量、修复重点流域环境，到提高森林覆盖率、开展废旧物资循环利用等，都有具体的量化指标要求，而且地方政府也会根据国家的规划作出相应的五年工作计划。所以说原文作者的指控根本站不住脚。但是这样的报道容易误导那些不了解中国事务的，特别是已经有一定偏见的读者。

Lord Adair Turner chairman of the UK Energy Transitions Commission, urged China to have its emissions peak before 2030 and achieve zero carbon emissions by 2050—a decade earlier than its goal—as by then it will be a rich, developed country. (*The Independent*, 2021-08-03)

译文：英国能源转型委员会主席阿代尔·特纳勋爵敦促中国在 2030 年之前达到排放峰值，并在 2050 年实现零碳排放——比其目标提前十年——因为届时中国将会是一个富裕的发达国家。(《独立报》, 2021-08-03）

这个例子中，作者借增强语 will 进行明褒实贬。结合上下文，本例中的 will 表示肯定，"used for stating what you think is probably true"（用于陈述你认为极有可能是真的）。作者借由能源转型委员会主席之口提出"中国'很大概率'已经是一个富裕的发达国家"这一论断，并以此"敦促"中国需要将 2060 年前实现碳中和的目标提前 10 年。很明显，这一论断只是用来合理化"敦促"这一行为的借口，因为该报道通篇未见作者介绍发达国家和发展中国家的判定标准，或者关于这一论断的事实依据。基于此，这种"敦促"实则是毫无理由的施压，醉翁之意不在酒，假装以"客观公正的姿态"质疑中国"双碳"目标的合理性，其实是有意扭曲中国的生态形象，将话语焦点从"中国碳达峰、碳中和目标体现了最大的雄心力度"转向"中国的减排承诺落后于其他国家，所以受到非议"，以此也呼应了该篇报道在导语中显示的偏见：

China will stick to its goal of having its carbon emissions peak by 2030 and will release more complete reduction plans soon, the country's climate change envoy said Tuesday, even as U.S. and British officials urged it to do more to limit global warming. (*The Independent*, 2021-08-03)

译文：尽管美、英官员敦促中国采取更多措施以遏制全球变暖，中国气候变化事务特使周二坚称，中国碳达峰的时间节点是 2030 年，并表示将很快发布更完整的减排计划。(《独立报》, 2021-08-03）

综合整篇报道来说，报道者总体上对各方观点进行了比较全面的呈现，包括在后半部分多次直接引述了中国前气候变化事务特使解振华的原话，包括针对中国碳中和目标过低的质疑，但是有"夹带私货"之嫌，报道中存在一些缺乏逻辑的碎片化信息，不利于外国读者深度了解中国因何如此设立"双碳"目标。

以欧盟和美国为例，他们提出在 2050 年前实现碳中和，但是他们早分别在 20 世纪 80 年代和 2007 年左右实现了碳达峰（张玉清，2024）。由于历史原因，中国的经济发展相对滞后，能源结构比较落后，人口基数又大，但仍然承诺用 10 年的时间去完成碳达峰，30 年的时间去实现碳中和，任务之艰巨可见一斑（图 8-1）。而对于中国是否很快将成为发达国家，需要辩证看待。根据笔者调查，全球治理体制中并没有针对"发展中国家"或"发达国家"的统一定义和标准。源语中提及 2050 年"中国将会是发达国家"的说法可能是基于人均国民收入这一标准。但是，仅凭此单一标准来对中国的发展情况作出论断显然是不科学的。外交部原发言人汪文斌曾表示，"美国想把'发达国家'的帽子强加给中国，不是出于对中国发展成就的赞赏肯定，而是醉翁之意不在酒，是要把剥夺中国的发展中国家地位作为遏制中国发展的一张牌。"国家之间开展生态外交，必定是遵循自身国家利益优先的原则，对于中国是不是发展中国家的争议短期内不会消失，但是中国在全球生态议题上展现

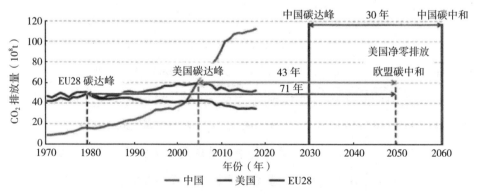

图 8-1　中国、美国和 EU28 实现"双碳"目标所需的时间（张玉清，2024）

的魄力和担当是毋庸置疑的。

对比中外媒体对这一类标记语的使用，不难发现中方在报道双碳议题时高频使用增强语进行了坦率表述和显性评价，明确回应中国对于全球气候变化的担忧和责任，并表达出愿意通过双碳承诺来大力减排的态度和立场，反映了中国在生态文明建设领域的政治自信和自觉。而部分外媒报道缺乏全面深入的调查，依赖不可靠的消息来源，作出错误的判断和结论，并利用增强语强化错误信息，更有甚者，一些媒体不尊重事实，不顾中国的实际国情，基于自身偏见选择性地进行报道，甚至是散播无端的指控，没有做到新闻媒体应有的客观和公正。

8.5.2　模糊语

模糊语是语言的一种内在属性，被作为交际策略频繁使用。从语用角度来看，模糊语是发话人为了避免观点被推翻，使用的一种似是而非的表述，让话语留有商讨的余地，以此实现话语的相对准确性。在交际语境中，发话人还能因此保持中立、展示礼貌、自我保护。比如，演讲中经常会在数字前使用 about, approximately, more or less, in the neighborhood of 等表范围的模糊语，在表达观点时使用 perhaps, may 等表程度的模糊语，以规避表达不当的风险。相较于增强语，模糊语呈现出的语言风格不够坦率。一般来说，新闻报道追求简洁性和客观性，倾向于少用模糊语，以免影响报道的专业性和可信度。

但是根据表 8-3 的统计数据，中外媒体对模糊语的使用并不少。外媒语料库中出现模糊语的频率甚至高于增强语。具体来说，中外媒体都频繁使用"about"（大约）这一模糊语修饰所引用的数据，这从侧面反映双方都善用数据论证来说明对中国双碳议题的立场。下面结合语料实例来具体分析。

NEV ownership reached 5.8 million units by late May, accounting for about half of the global total, data by the CAAM showed. (*People's Daily*, 2021-08-10)

译文：CAAM 的数据显示，截至 5 月底，新能源汽车保有量达到 580 万辆，约占全球总量的一半。（《人民日报》，2021-08-10）

In addition to the burden of an aging population and the cost of the low-carbon transition, the country could be confronted by costs that may emerge from uncertainties in the complex international environment and those generated as the world revamps its supply and industry chains. (*People's Daily*, 2022-03-08)

译文：除了人口老龄化的负担和低碳转型的成本外，中国还可能面临国际形势不确定性因素以及全球供应链和产业链重组所产生的成本。（《人民日报》，2022-03-08）

第一个例子中，通过介绍中国新能源汽车保有量来展示中国新能源技术的发展和中国政府低碳措施的成效，使用模糊语 about 可以提高报道的准确性。第二个例子则是借模糊语 may 说明中国在推行减排议程中可能会遇到的阻碍。两篇报道通过模糊语传递出话语主体的谨慎、谦虚的特质，这也符合我国的传统文化，特别是对"中庸""和"等哲学思想的推崇。

Meanwhile, making this pledge buys China some increased leverage in the climate negotiations, and perhaps even some global goodwill at a time of mounting concern over China's actions at home and abroad. (*The Nation*, 2020-09-30)

译文：与此同时，这一承诺让中国在气候谈判中获得了更多筹码，甚至可能在国内外越来越关注中国之时，为中国在国际上赢得一些好感。（《民族报》，2020-09-30）

本例中的"perhaps"（或许）本义是模糊语，但是结合语境来看带点嘲弄和讽刺的意味，暗指中国提出"双碳"目标是为了迎合其他国家，以赢得国际社会的好感和认可。国家主席习近平在联合国大会中提出碳达峰碳中和的承诺之时，就明确这是"推动高质量发展的内在需求"，后来他在多个外交场合强调这一目标"不是别人让我们做，而是我们自己必须要做"。中国提出富有雄心的"双碳"目标，并不是因为别国施压，或者为了讨好其他国家，而是顺应全球绿色低碳转型的历史趋势，是为了保护地球家园、造福子孙后代所主动、自发做出的。为此，本例中的模糊语使用不仅没有展示出作者谨慎、谦逊的特质，反而带着些许傲慢和武断。

And the power outages that have plagued the Chinese economy over the past few weeks may put the brakes on the decisions of some key Chinese energy generators to switch to new and renewable sources. (*The Straits Times*, 2021-10-19)

译文：过去几周，电力供应不足持续困扰中国经济，可能还会让中国主要能源生产商在新能源和可再生能源项目上按下暂停键。(《海峡时报》，2021-10-19)

根据两库中模糊语的频次统计，外国媒体高频使用了模糊语"may"（可能），共出现了120次，平均每千字出现0.75次。相应地，CCC中"may"的频次仅为0.13ptw。本例中，作者用"may"表示对中国能源转型的推测，认为"过去几周中国出现电力供应不足，这会让政府停下能源转型的脚步"。凭借模糊语的使用，作者表面上呈现出一种不确定、可以商讨的立场，实质上是在做没有根据的推测，违背了新闻报道客观、中立的基本要求。

总的来说，对于模糊语，中外媒体的使用频率都相对较高，一定程度上是因为CCC和WCC两库收录的大都是2022—2023年的相关报道。生态破坏虽然由来已久，但是直到近几年，各国充分意识到气候变化危机的严峻程度，生态议题才真正意义上走到国际舞台的中央。随着各国如火如荼地推进去碳化进程，各种现实的难题也接踵而至，因此在相关报道中存在着诸多不确定性。但是必须指出，准确具体是新闻报道语言的重要原则，过多地使用模糊语会影响报道的准确性。笔者认为中外媒体在进行生态议题的报道时应当秉着求真务实的原则，克制对模糊语的使用。

8.5.3 态度标记语

态度标记语传递出一种非理性推断的信号，主要用来表达态度、评价和情感倾向。中外媒体都较少使用态度标记语，但是外媒的使用频率稍高于中国媒体。结合索引行来看，这类标记语多为表达积极、正面的情感和态度，既包括对中国双碳承诺的正面评价，又包括对减碳行动的积极响应。

Such drastic change mirrors the remarkable achievements made by China in the past 10 years in terms of ecological progress. (*People's Daily*, 2022-09-15)

译文：变化之大，反映了过去 10 年中国在生态文明建设方面取得的显著成就。(《人民日报》，2022-09-15）

"Breaking down inter-departmental 'data barriers' and achieving the sharing and integration of 39 types of data from various departments and levels is quite remarkablc," exclaimed Khian Artgold Bonsobre, a Filipino student at Huaqiao University. (*People's Daily*, 2023-08-01)

译文："打破部门间'数据壁垒'，实现各部门、各层级 39 类数据的共享融合，这相当了不起"，华侨大学菲律宾籍留学生基安·阿特戈尔德·邦索布雷感叹道。(《人民日报》，2023-08-01）

CCC 中，"remarkable(ly)"（引人瞩目的 / 地）共出现了 41 次，充分表达了话语主体对于中国生态文明建设的积极态度。上述第一个例子中，发话人基于北京自 2013 年以来空气质量良好天数、重污染天数等指标，作出对其生态环境建设成果的正面评价。第二个例子从一名在中国华侨大学就读的菲律宾籍学生的视角赞赏浙江省能源大数据中心（Zhejiang Energy Big Data Center）通过科技创新应用助力企业监测碳足迹。这些积极的情感有利于形成积极语义韵（semantic prosody），激发起读者的正面情感共鸣，进而让他们形成对中国生态形象的积极评价。

"Unfortunately, there remains a big gap between China's carbon neutrality vision and the reality of what they announced today," said Kevin Rudd, former Australian Prime Minister and President of the Asia Society, a non-government organization. (*National Post*, 2021-08-11)

译文：澳大利亚前总理、非政府组织亚洲协会主席陆克文表示，"遗憾的是，中国的碳中和愿景与他们今天公布的减排计划之间仍然存在很大差距。"(《国家邮报》，2021-08-11)

前文指出，除了少数报道认为中国的碳中和目标设置过低之外，大部分媒体报道都对中国的双碳承诺持正面、积极的情感态度。不过在 WCC 中，"unfortunately"（遗憾的是）这一明确的负面态度标记语出现了 4 次，讨论的对象涉及：中美气候变化合作在特朗普执政时期出现倒退；普京确定不会出席在格拉斯哥举行的 COP26 会议；中国环保人士谈及中国野生动物贸易；中国碳中和目标。在上例中，报道者借澳大利亚前总理之口，指出国际社会对中国碳中和目标的争议，而 "unfortunately" 一词有埋怨的意味。再者，笔者进一步细读该篇报道，发现其中有一些自相矛盾的表述。

总体来说，态度标记语在 CCC 和 WCC 两库中的出现频率相对较低，原因可能是收录的新闻语料自我定位为严肃报道，发话人多代表机构立场，因此尽量避免表达态度立场或情感倾向。

8.5.4　自我提及语和介入标记语

发话人经常用自我提及语来进行评价、表达观点、分享信息等，如用代词"我"以个人身份做出交流。值得注意的是，中国媒体库中的自我提及语使用频次非常高，主要原因是中国、中国人民、中国政府等标记语出现频次高，而其他自我提及语的使用和外方媒体库大体相当。同时，中外媒体库中的代词"we"，主要出现在直接引语中，而且多为泛指大家，很少是明确标记为国家发言人身份。

中国媒体双碳话语中频繁使用 China, Chinese people, Chinese government 等自我提及语来直接作为国家发言，例如：

It's easy to see that the lifestyle of the Chinese people is much more environmentally friendly than developed nations like the U.S. (*People's Daily*, 2021-08-11)

译文：显然，中国人的生活方式比美国等发达国家环保得多。（《人民日报》，2021-08-11）

这名话出自题为 "Reckoning of developed nations' luxury emissions — As extreme weathers hit many parts of the world, some attempt to dump blame on China"（极端天气频发，有人想要归咎中国？是时候和发达国家算算 "奢侈排放" 账了）的报道，主旨是回击外国媒体双标抹黑中国 "需要为世界高碳排放量和极端天气负责"。以《时代》周刊为例，该刊曾在 2021 年 1 月 11 日刊登这样一篇报道：《中国把肉从餐桌上去掉能怎样改变世界？》（*How China Could Change the World By Taking Meat Off the Menu*）。这种提问看似义正词严，实则将炮口对准中国人的饮食结构，提出中国人要少吃肉的无理要求。食品行业产生的碳足迹不容小觑，但是根据经济合作与发展组织的有关数据，真正高居肉类消费榜首的是美国、澳大利亚等国（OECD, 2018）。针对外媒这种的荒谬言论，《人民日报》（海外版）据理力争，从饮食结构、汽车拥有量、出行方式等多个角度，旁征博引，有力地论证了中国人民的人均碳排放量远远低于美国等发达国家。

代词 "we" 在作泛指时常常表达呼吁，在 CCC 中共出现 507 次，主要指代中国或泛指大家和整个国际社会，例如：

It falls to all of us to act together and urgently to advance protection and development in parallel, so that we can turn Earth into a beautiful homeland for all creatures to live in harmony. (*People's Daily*, 2020-09-30)

译文：我们要同心协力，抓紧行动，在发展中保护，在保护中发展，共建万物和谐的美丽家园。（《人民日报》，2020-09-30）

中方媒体还多次引述各行各业人士的话语，借代词 "my" 等以个体身份与读者进行交流，既与国家角度的发言相互补充，又能拉近发言人与受众之间的距离。例如：

"Anyone who knows China well is sure that my country is serious about reducing carbon emissions and pursuing green development, and that we mean what we say," Zheng said... (*People's Daily*, 2021-10-28)

译文："任何了解中国的人都知道，我国对于减排和绿色转型是认真的，而且我们说到做到"，郑泽光表示。(《人民日报》，2021-10-28）

"By raising cattle and sheep and running a desert tourism business, my family is embracing an increasingly better life," he said. (*People's Daily*, 2021-05-12)

译文："我们放牛养羊，做沙漠旅游生意，日子越过越好了。"他说。(《人民日报》，2021-05-12）

无论是习近平主席在联合国生物多样性峰会上呼吁全世界人民共建美丽家园，还是中国驻英大使郑泽光向外媒明确中国言必信、行必果，抑或是借蒙古族牧民之口表达发展生态旅游对改善民生的积极作用，中方媒体通过自我提及语，从国家和个体层面有力地回应了西方国家对于中国双碳承诺的质疑，明确地表达了自身的态度和立场。

外国媒体也频繁使用自我提及语，比如新加坡《海峡时报》报道中国"十四五"规划时引述了时任世界资源研究所中国可持续城市部主任的刘岱宗的话。

Mr Liu Daizong of research organisation World Resources Institute China said he had expected the plan to set more specific emission targets for sub-national regions... but it was not the case. "It's not as positive as I expected to see," he said. (*The Straits Times*, 2021-03-06)

译文：世界资源研究所中国分部的刘岱宗先生表示他原本以为该计划（中国的"十四五"规划）会针对各个地区设定更具体的排放目标，但是没有看到相关内容。"该计划应当更有建设性"，他说。(《海峡时报》，2021-03-06）

受访专家提出中国的"十四五"规划中没有提出各省市的具体减排目标，以此论证该报道的观点："China's new 5-year climate targets fail to impress experts"（中国新的五年减排计划未能打动专家）。但是实际情况是，在中国的政治体制之下，中央提出的五年规划是总计划，提出的指标要求也是总的约束性规定，各地区各部门还会编制地方的五年规划来落实中央的各项要求，因此该受访专家的举证实际上没有事实依据。

《纽约时报》报道中美气候变化会谈时引述了对拜登政府的气候变化事务特使约翰·克里的采访：

"My response to them was, 'Hey look, climate is not ideological. It's not partisan, it's not a geostrategic weapon or tool, and it's certainly not day-to-day politics. It's a global, not bilateral, challenge,'" he said on a call with reporters. (*New York Times*, 2021-09-01)

译文："我对中国的回应是，'要知道气候问题无关意识形态，无关党派之争，不能作为地缘战略武器或筹码，当然也不是日常政治。这是一个全球性的挑战，而不仅涉及中美两国'"，他在与记者的通话中说道。(《纽约时报》，2021-09-01)

根据上下文，本例中的"them"指的是中国。一方面，代表美国立场的气候变化事务特使向中国发起责难，报道的标题"Climate Change Is 'Not a Geostrategic Weapon,' Kerry Tells Chinese Leaders"（克里告诉中国领导人，气候变化"不是地缘战略武器"）就引用了该名官员的原话。另一方面，该报道指出美方希望与中方恢复气候变化会谈，但是中方强调中美紧张局势恐会升级。借由这两点，报道者试向读者表达两个观点，一是指控中国将气候变化问题政治化，二是指责中国在全球气候变化问题上不合作，而对中美关系因何恶化却轻描淡写，试图抹黑中国的国家形象。

另外，通过将受话人带入交际语境中，介入标记语能够增强受话人在交际中的显现度（Adel, 2006）。新闻报道中经常使用介入标记语来吸引读者的注意力，提升他们的参与感，比如用"you"表示大家，用 the world, international community 来泛指世界各国人民。生态话语聚焦于人与自然的关系，常用 man, human(s), humanity, mankind 等词来表示人类社会。

介入标记语在中外媒体的报道中使用频次都比较高。中方媒体对于 international community, the world, humanity 等词的使用频率要高于外国媒体，一定程度上可以说明中方对世界各国生态议题的关注，反映了立足全球视野、厚植天下情怀的大国气度。具体来看，中方媒体使用介入标记语主要是为了呼吁国际社会为应对全球生态危机共同努力，表达中国与世界其他国家合作的意愿，以及对人与自然和谐共生的憧憬。

以中外媒体使用频次最高的介入标记语 "world"（世界）为例，利用 AntConc 上的 N-Gram 功能进行检索，可以对比中外媒体报道中该词的 5 字聚类（表 8-4）。可以发现，外国媒体的话语致力于给中国 "扣帽子"，试图将中国与 "the world's biggest emitter"（全球头号碳排放国）这一负面标签进行捆绑。中国媒体的报道则更为实事求是。

表 8-4　中外媒体双碳话语语料库中 "world" 的 5 字聚类（前 10 位）

CCC	频次	WCC	频次
World's largest developing country （世界上最大的发展中国家）	16	World's second largest economy （世界第二大经济体）	12
World's most dramatic reduction （世界上最大的减排力度）	11	World's biggest emitter of （世界上最大的……排放国）	10
World's second largest economy （世界第二大经济体）	11	World's largest greenhouse gas （世界上最大的温室气体……）	8
World's largest in terms （世界上最大的……）	10	World's top emitter of （世界头号排放国）	8
World's largest carbon market （世界上最大的碳交易市场）	6	World's biggest greenhouse gas （世界上最大的温室气体……）	6
World's largest carbon trading （世界上最大的碳交易）	6	World's biggest carbon emitter （世界上最大的碳排放国）	5
World's largest producer and （世界上最大的生产者和……）	6	World's largest carbon emitter （世界上最大的碳排放国）	5

CCC	频次	WCC	频次
World's biggest cut in （世界上最大的……削减）	5	World's largest consumer of （世界上最大的……消费国）	4
World's largest producer of （世界上最大的……生产者）	5	World's largest emitter of （世界上最大的……排放国）	4
World's new forest area （世界的新林区）	5	World's biggest polluter would （世界上最大的污染者将……）	3

整体来看，在本研究中，自我提及语和介入标记语的主要功能是表达不同话语主体的观点态度，具有交际目标管理的功能。结合前文案例分析，发现中方媒体善于使用自我提及语和介入标记语，从国家和个体层面向世界推介中国的双碳行动和生态理念，从多个维度让国外受众看到更加真实、立体的中国，进而促进相互理解和包容的和谐共生关系；向其他国家发起呼吁或建议，表达合作的意愿，希望和国际社会一同努力构建人与自然生命共同体；对少数国家的无理责难进行批评回击，维护国家利益，并通过挑战双方关系来更好地促进国际关系的和谐发展。另外，外国媒体在使用自我提及语和介入标记语时，会使用一些所谓的"靠谱信源"得出片面的、具有误导性的结论，对中国进行负面报道，或者给中国乱贴标签，利用"信息茧房"固化其受众对中国的偏见。

8.5.5 小结

本章根据 Hyland（2005）对于人际互动元话语的分类框架，对中外媒体就中国"双碳"目标的报道中的相关元话语类别、特征和使用异同进行了梳理。统计分析发现，中方媒体倾向于使用增强语来表达鲜明的立场和态度，使用自我提及语和介入标记语来加强与读者之间的交际互动，用模糊语来应对信息不确定的情况，较少使用态度标记语。而在部分外国媒体的报道中，增强语的使用强化了错误信息，模糊语、自我提及语和介入标记语成为负面报道的工具，态度标记语多为要求中方继续提高减排目标。

结果显示，中国媒体使用人际互动元话语主要是为了提升和谐关系，以及挑战关系来更好地促成和谐关系发展；部分外国媒体则是利用这类元话语来挑战和谐关系。这种做法的背后有国家和机构利益的考量，也说明了媒体偏见是中国生态形象在他塑性建构向度上的一大难关。但是知难而行，中国媒体不仅应积极应对，而且要创新对外话语。以增强语为例，使用增强语一定程度上是可以增强话语信息的可靠性，但是对于已经预设立场的读者来说，增强语可能会起到反效果，形成"宣传腔""说教味"，让正面报道产生负面影响。笔者建议在使用增强语后，要结合事实论据，比如通过介绍具体的行动计划或者相关投入来印证中方对于减排的决心，从而更好地发挥增强语的语用效果。

第九章

中国生态文明话语对外译介

前文分别从主题词、搭配、互文性、隐喻和元话语五个维度对中外媒体双碳话语进行了对比分析，发现大部分外媒报道对于中国双碳承诺持积极、正面的态度，但是有不少报道呈现出泛政治化的倾向，存在信息不对等、意识形态偏见等问题，影响了国外受众对中国生态文明形象的认知。在中国生态文明话语体系"走出去"的过程中，翻译不仅需要对话语意义进行还原和重构，还要在话语传播的过程中发挥积极作用。

　　过去几年出现了不少翻译错误引发的负面舆情。比如《华尔街日报》2020年6月6日刊登的一篇报道，题为"Huawei Found Ren Zhengfei Takes Off the Gloves in Fight Against U.S."（任正非撸起袖子准备和美国干架），文中引用了任正非在2019年一次业务汇报会上的发言："勇猛冲锋，杀出一条血路来。"但是《华尔街日报》上的英译版本是"surge forward, killing as you go, to blaze us a trail of blood"（冲啊，边冲边杀，让鲜血染红我们的道路）。当时西方国家正在就芯片供应链对华为进行打压，"孟晚舟案"疑云重重，此文一出立刻被西方各大媒体转载，结果可想而知，一场外国媒体对华为公司的围剿甚嚣尘上，甚至将矛头对准了中国。而任正非的发言本意是指华为的研发团队要走到一线去，而"杀出一条血路"不过是中文中的一句俗语，借由战争隐喻表达"在困境中寻求出路"。这一蹩脚的翻译究竟是工作失误还是有人刻意为之，这一点无从查证，但是这一不及格的翻译所引起的舆论风波无益于国家间友好和谐关系的发展，甚至会扩大他们的"信任鸿沟"。

　　又如2021年3月在阿拉斯加举行的中美高层战略对话中，现场美方的翻译表现争议很大。比如，在翻译"It helps countries resolve differences peacefully"（它有助于各国和平解决分歧）时，该译员的翻译是"因为我们要争取和平，希望能通过多边的这个办法，来解决问题。这个世界也是非常同意这样的一种做法。"此处的翻译问题有二：一是"我们要争取和平"属于添油加醋，增强了措辞的攻击性；二是无中生有，增加的内容有挑衅中方的意味。这种翻译中的偏差让本就胶着的谈判氛围更加剑拔弩张，不利于谈判的顺利进行。

翻译在国家话语建构和形象塑造方面扮演着非常重要的角色，翻译中如果出现谬误很有可能会加重交际双方的互相猜忌，而准确、适当的翻译能够减少误会发生的可能性。为了促进中国生态文明话语体系的建构和对外译介，有必要结合前文的定量、定性研究结果，探讨优化中国生态文明话语对外译介的策略。本章将基于自建的 ECO 双语语料库，从互文性、隐喻、元话语和关键词等角度探讨中国生态文明话语的翻译策略。

9.1　互文性翻译策略

根据传播学家约瑟夫·多米尼克提出的信息传播流程（Process of Communication Theory），信息传播以一种循环往复的方式进行，由信息源（source）发出信息，经过译者编码（coding）和解码（decoding），再回到接受者（receiver），然后又会反馈（feedback）信息到信息源（Dominic, 2004）。在这一过程中，翻译作为信息传播的重要媒介，对话语本身及其语用内涵的编码和解码会直接影响目的语受众对信息的理解。

互文性强调文本与语境之间的关系。译者的翻译行为本身就是在跨文化交际中对文本的概念关系网络，特别是文本置于特定语境中生成的语用内涵，进行理解和重构（钟书能，李英垣，2004）。过去已经有学者借助互文性来指导不同体裁文本的翻译实践，比如在商务广告翻译中，可以利用显性或隐性翻译方法表现产品的价值和定位（罗选民，于洋欢，2014）；文学作品翻译中可以通过异化和归化策略，或者增译、释译、模糊、用典等方法来还原源语的文化信息（李文革，幸小梅，2016；潘琳琳，2020；武建国，牛振俊，冯婷，2019）。

本研究基于中国外文局和中国翻译研究院发起的"中国关键词"项目中

"生态文明""生态环境及社会治理"等专题，以及党的十八大以来国家有关生态文明议题的白皮书，自建了 ECO 双语语料库。在此基础上，本节借助双语语料库分析软件 Paraconc V0.3，从互文性的角度考察国家翻译话语实践中采用的翻译应对策略。

根据美国修辞学家 Bazerman（2003）的研究，互文形式主要有六种，包括直接引用、间接引用、泛指性表述、评价性表述、标签性表述、领域性表述。结合在 Paraconc 软件上的检索和人工统计，笔者发现这些互文形式在 ECO 双语语料库的源译语中都有所体现。下文结合具体实例，阐述互文性的语言表征和翻译策略。

9.1.1　直接引用

直接引用通常以引号、斜体、缩进等特定语言样式出现。ECO 双语语料库中就出现了不少对国家领导人发言、国际组织数据、政府文献、经典著作的直接援引。例如：

> 2005 年 8 月，时任浙江省委书记的习近平在浙江省安吉县余村首次提出了"绿水青山就是金山银山"。

> 译文：The comparison of mountains of green with mountains of gold was first made by Xi Jinping in 2005 when he visited Yucun, a village in Zhejiang Province, in his capacity as secretary of the CPC Zhejiang Provincial Committee.

通常情况下，为了再现直接引用的内容和风格，翻译时应当采用对等化的策略，尽可能保留原文的形式，甚至是行文顺序和标点符号。但是在上例中，译者舍弃了原文形式，不仅没有直接参照"绿水青山就是金山银山"这一表述已有的普遍接受的译文"lucid waters and lush mountains are invaluable assets"，而且增译了"comparison"（比较）一词，突出该表述使用的暗喻修辞，为译文增添了几分新颖性和趣味性。

　　"顺天时，量地利，则用力少而成功多"的农牧经验，"劝君莫打枝头鸟，子在巢中望母归"的经典诗句……

译文："follow the timing and adapt to geographical conditions, and there will be more success with less effort"; popular verses such as "never shoot the birds on branches, as their hungry nestlings are waiting for them to bring back food"…

上例选自"中国古代生态智慧"这一关键词的解释，其中对于原文的引经据典大都采用了对等翻译策略，在形式对等的基础上，译者对部分字词也有仔细掂量，对"天时""地利"等内涵丰富的中国特色概念进行了简化处理，直接译成了"timing"和"geographical conditions"，对所引用诗句中隐含的因果逻辑进行了显化处理，增加了"as"（因为）一词。

9.1.2 间接引用

间接引用也是转述常用的方式，但是不同于直接引用，间接引用通常意味着对原文进行了一定的过滤和取舍。这也意味着翻译时有更大的自由度，可以对原语信息的结构和顺序进行适当调整。

习近平指出，北京、上海等城市，要向国际水平看齐，率先建立生活垃圾强制分类制度，为全国作出表率。

译 文：Xi Jinping has required Beijing and Shanghai to follow international standards, and lead other cities in practicing compulsory waste sorting.

中共十八大以来，在深刻总结国内外发展经验教训、分析国内外发展大势的基础上，针对中国发展中的突出矛盾和问题，习近平提出了创新、协调、绿色、开放、共享的新发展理念。

译文：Xi Jinping introduced a new concept of pursuing innovative, coordinated, green, open and shared development, based on previous experience gained and lessons learned at home and abroad, and an analysis of global trends, and problems and challenges arising in China's development since 2012.

第一个例子原文转述了习近平总书记关于城市垃圾分类工作的指示，处理译文时，很明显译者对原语中的流水句式进行了重组和整合，译文更加精简。对比第二个例子中的源译语，很容易注意到译文在语序上进行了大重组，把领导人提出的"新发展理念"作为主题句进行了前置来加以突出，理念提出的背景和细节信息则后置作为补充说明。这样一来转移了句子信息的焦点，使得主次关系更加明晰，也更加符合目的语受众的语言表达习惯——汉语常常把主题放在句子末尾，而英语往往在句子开头直奔主题。

9.1.3 泛指性表述

泛指性表述的特点是需要读者根据上下文语境、个人认知和经验来推测表述背后的具体内容。涉及跨语际交际时，语言义化知识的差异容易造成理解障碍，因此很有必要对原文指涉进行显化和明确。比如，在中国，提到水环境治理时，常常会提到"母亲河"，这一表述对于国人来说再熟悉不过，但是在译成外语时，就需要明确是 the Yangtze River（长江）和 the Yellow River（黄河）。又如：

坚持"共抓大保护、不搞大开发""共同抓好大保护、协同推进大治理"……

译文：It will follow such guidelines as "promoting well-coordinated conservation and avoiding excessive development" and "making comprehensive plans and joint efforts to protect the ecosystem."

上例中"大"一词一共出现了四次，该词本身的语义就比较宽泛，既可指事物的尺寸，也可指范围、程度等。此处语境是在讨论长江、黄河生态系统保护的原则，据此可以判断"大保护"和"大治理"意义接近，指的是要联合各方进行全面保护，"大开发"指的是超出自然承载能力的过度开发。因此，译文巧妙地把"大"意译成了"well-coordinated""excessive""comprehensive"等词，将这一看似简单的词语背后的多种语义进行了恰当的显化处理，大大提高了译文的可读性。

9.1.4　评价性表述

ECO 双语语料库主要收录了中国有关生态文明建设的关键词，以及有关的阐释和评价，自然会有明显的价值和情感导向。相应地，译文也应当注意多使用积极词汇，强调正向评价，更好地传播中国声音，塑造有担当、有作为的大国形象。

习近平关于"山水林田湖草是生命共同体"的重要论述，进一步唤醒了人类尊重自然、关爱生命的意识和情感，为新时代推进生态文明建设提供了行动指南。

译文：This vision of Xi Jinping raises public awareness of respecting nature and their affection toward life. It serves as a guide to action on building an eco-civilization in the new era.

中共十八大以来，以习近平同志为核心的中共中央高度重视清洁能源发展，创造性提出"四个革命、一个合作"能源安全新战略，为新时代能源发展指明了方向，开辟了中国特色能源发展新道路。

译文：Since the CPC's 18th National Congress in 2012, the central leadership has made clean energy a priority, and proposed the new energy security strategy, pointing the way for China's energy development in the new era, and opening a new path with Chinese features.

第一个例子很明显是对习近平总书记的论述做出的正面评价，其中"论述"一词如果译为"state""instruct"等，则略显平淡，译者将其转译为"vision"（展望），传达出强烈的积极意味，语用效果更佳。但在有些案例中，译者刻意对部分用词进行了低调处理，如第二个例子中的"创造性"一词直接被删除。但无论是"高调"强化还是"低调"弱化，两处译文均做到了忠实于原文。

9.1.5　标签性表述

标签性表述，顾名思义，就是具有标识意义的、针对事物的高度概括性表达，这类术语通常已经有普遍接受的译文版本，因此建议直接通过查证来确定。

中共十八大以来，在深刻总结国内外发展经验教训、分析国内外发展大势的基础上，针对中国发展中的突出矛盾和问题，习近平提出了创新、协调、绿色、开放、共享的新发展理念。

译文：Xi Jinping introduced a new concept of pursuing innovative, coordinated, green, open and shared development, based on previous experience gained and lessons learned at home and abroad, and an analysis of global trends, and problems and challenges arising in China's development since 2012.

"创新、协调、绿色、开放、共享"的新发展理念自提出以来，在国内大规模传播，已成为习近平新时代中国特色社会主义思想的标志性内容，并且多次在重要政治文献、领导讲话中出现，有明确的官方译文可以参照。值得一提的是，有官方译文却没有采纳在新闻编译中的情况很容易发生，不仅容易造成误译、错译，而且不利于中国重要生态理念的国内外传播。

又如"大国""强国"这类词在中国对外话语体系中经常出现，但是直译为"big country""power"显然是不恰当的。牛津词典对"power"一词的定义是"a country with a lot of influence in world affairs, or with great military strength"（在国际事务中有很大影响力的国家，或拥有强大军事实力的国家）。西方国家的政府部门和媒体机构常用"power"来描述中国的"大国"地位，但这并不契合中文语境。中国媒体会用"major country"（主要国家）、"strong nation"（强大的国家）等表述来展现中国的强大，一来可以避免产生"列强""恃强凌弱"的意味，二来可以展现中国反对霸权、崇尚平等的大国气派。

9.1.6　领域性表达

中国生态文明话语中存在许多富有哲理的表述，如"天人合一""取之以时，取之有度"；充满民间智慧的惯用措辞，如"前人种树后人乘凉""人不负青山，青山定不负人"；推进生态文明建设过程中衍生出来的政策话语，如"生态扶贫""生态兴则文明兴，生态衰则文明衰"等。这类话语内涵丰富，在翻译时很有必要适当增补信息，也就是进行"释译"（paraphrase translation），力求既提高译语的可读性，又加强对外传播的效果。当然，这也意味着这类话语并没有标准的英语译法，而是需要因时制宜，根据语境去择优使用。表 9-1 中的英译仅为笔者较为推荐的版本。

表 9-1 中国生态文明话语的英文翻译

生态文明话语	英文翻译
天人合一	unity of humanity and nature
取之以时，取之有度	Take and use what you need; never give in to greed.
	Take from nature at the proper time and to the proper extent.
前人种树，后人乘凉	Plant pears for your heirs.
	One sows and another reaps.
	One generation plants the tree in whose shade another generation rests.
人不负青山，青山定不负人	If we humanity do not fail Nature, Nature will not fail us.
生态扶贫	poverty alleviation through eco-environmental programs
生态兴则文明兴，生态衰则文明衰	Civilization thrives if the eco-environment is healthy, and declines if it deteriorates.

中国传统哲学中以万物顺应自然规律生长为"天文""地文"，《老子》中的名言："人法地，地法天，天法道，道法自然"，这个"自然"，就是指自然规律。

译文：The ancient Chinese classic *Laozi* contained well-known sayings about the laws of nature: Man patterns himself on the operation of the earth; the earth patterns itself on the operation of heaven; heaven patterns itself on the operation of Dao; Dao patterns itself on what is nature.

本例中的"道"是一大翻译难点。国人常常把"道可道，非常道"挂在嘴边，这一表述出自老子的著作《道德经》，但是鲜少有人能够说清这句话的真正内涵，原因在于"道"一词内涵复杂。中国典籍英译大家汪榕培（2017）认为"道"的内涵非常丰富，至少可以有以下五种理解：

（1）道是天地万物的本体或本原，指感官不可达到的、超经验的东西，是自然现象、社会现象背后的所以然者。

（2）道是整个世界的本质，是指事物的根本性质，是构成事物基本要素的内在联系。

（3）道是事物的规律，指事物所固有的本质的、必然的、稳定的联系。

（4）道是运动变化的过程，指气化等的进程。

（5）道是政治原则、伦理道德规范，是治国处世的道理。

根据本例中的上下文，可以基本判断"道"一词更加贴近第二种理解，即"事物的根本性质"，也就是说世间万物都要遵循自然的规律。但是译文中直接对该词进行了音译，没有对其宽泛的语义进行明确阐述，容易让对老子思想不熟悉的国外受众不明所以。鉴于此处的交际意图主要是借用老子的名言说明中国传统哲学对自然规律的重视，而非推介老子的哲学思想或"道"这一概念的深刻内涵，笔者认为可以将该词直接译为"the inherent relations of things"（事物的内在联系）。

> 中国主张以自然之道，养万物之生，从保护自然中寻找发展机遇，实现生态环境保护和经济高质量发展双赢。
>
> 译文：China advocates that "the solutions lie in nature," so humanity should look for development opportunities while protecting nature, and undertake eco-environmental conservation alongside high-quality development.

本例中也出现了"道"，但是译者巧妙地规避了这一复杂概念，而是对"以自然之道，养万物之生"这一表述重新进行了阐释，即"从自然中去寻求解决方案"，这与外国媒体经常提及的"Nature-based Solution"（基于自然的解决方案）有异曲同工之妙，更容易引起英语读者的共鸣。

综上所述，译者要努力识别生态文明话语中的互文形式，可以借鉴上述不同互文类型的翻译策略，充分利用文本内外的互文性来对涉及的概念关系网络进行重构，实现翻译的交际和语用功能，力图提高目的语读者对中国智慧、中国思想、中国文化的认同感,进而塑造"外美、内丽、气质佳"的美丽中国形象,即生态环境美、发展高质量、制度机制优。

9.2　隐喻翻译策略

隐喻形式简单,但是联想意义丰富,具有强大的认知功能。国家对外话语的建构需要依赖隐喻架构来激发受众的情感,甚至是引导主流意识形态。特别是隐喻常常用来传递说话主体的态度和立场,具有丰富的评价资源。杨明(2020)提出,作者在语篇中,可以通过使用不同类型的评价要素来构建特定的评价意义。评价性话语资源分为态度、介入和级差三个系统,其中态度是"说话者对于自己、他人、情感和事物的态度立场与价值判断"(段亚男,綦甲福,2021),是评价系统的主体。

中外媒体在报道中国双碳议题时均使用了相当多的隐喻,特别是颜色隐喻、战争隐喻、建筑隐喻、亲密隐喻和旅程隐喻。ECO双语语料库收录了党的十八大以来中国生态文明建设之路的重要文献,其中出现了不少隐喻表达,不仅让语言更加鲜活,而且映射出话语主体的意识形态和立场,有着丰富的语篇人际意义。

就翻译而言,汉语中的隐喻常常蕴含着中国的传统文化和价值取向,很难直接在英语中找到对应的表达,因此是隐喻话语对外译介的重难点。具有共性的概念隐喻相对来说比较好翻译;还有一些隐喻内嵌了不同的思维、意识形态和文化价值,同时还要兼顾话语生产者自身或所代表机构组织的意图和立场。后者是隐喻翻译的难点,也是本节讨论的重点。

隐喻的翻译一直是学界关注的一大焦点。国外方面,Schäffner(2004)基于框架理论提出隐喻翻译可以有四种操作方法:采用对应的喻体;通过增译或注释解析喻体形象;删除源语的喻体形象;增译新的喻体形象。国内方面,知名翻译学家张培基(1980)认为可以进行直白翻译、释义或想象替代;陈小慰(2014)认为要特别关注目的受众对源语隐喻的预期和解读,运用他们更为熟知的隐喻和话语来消解跨语言的修辞差异；杨明星和赵玉倩（2020）则就外交话语中的隐喻提出了"政治等效＋审美再现"和"政治等效＋意象再现"的翻译策略，认为应该对意象采取保留、转换、舍弃或者增补处理。除开修辞角度，很多隐喻内嵌有特定的情感意义。Baker（2013）认为译者除了需要对语言形式进行准确转换，还要试图再现语言形式之下的情感价值、主观意识。比如，国外媒体经常在报道生态话题时信口开河，胡乱给中国"扣帽子"，如果只是简单地译为"label"（贴标签），源语中隐喻的情感意义就丧失了，说话人的态度和立场也相应地弱化了。

综上所述，笔者认为在翻译隐喻时应当重点处理隐喻所传达出来的态度和其他评价资源，在精准把握隐喻话语的深层含义的基础上，灵活处理生态话语中的喻体形象，力图实现语义和情感传递的统一，最大限度地激发英语读者与国人共享的情感记忆和认知体验。接下来将借助语料库分析软件，考察 ECO 双语语料库中对于不同隐喻的翻译应对策略，并与主要英语媒体的用词进行对比分析，探讨如何更好地讲好中国生态文明话语中的隐喻。

9.2.1 战争隐喻

人类历史上经历了两次世界大战和无数次大大小小的战争。战争年代，人们习惯性地以军事思维来观察、解释各种社会现象。而到了和平年代，战争的后遗症仍然深刻影响着人们的思想意识，其中一大表现就是人们潜意识地会用战争思维来解释、分析社会生活的方方面面，把军事用语应用到语言表达中，包括新闻报道。裴晓军（2005）提出"现代的敌对习惯"（Modern Versus Habit）这一概念，即人们在传播交流中总会有"一方必须要赢"的预设，进而争夺在交往过程中的控制权。就生态议题而言，中外媒体在报道时常常会用 war, fight, battle 等词来描述生态问题的紧迫性，展现人类阻止气候变化的决心，通常能达到较好的交际效果，因为这类隐喻意象能够调动人的负面情感，让个体感受到更多的危机感，进而获得一种心理上的鼓舞，唤起人们对地球家园、国家和其他价值的情感依附，从而形成某种关于打击生态破坏的主流叙事。不同民族大都能在他们的概念和认知网络中形成关于战争的共通理解。要想对等传达原语的评价意义，直译是最有效、最直接的方式。也就是说，可以通过等价性迁移，选用与原语态度上等价的词语来实现形式一致、表达对等，从而最大限度地实现风格和态度立场的呼应。检索 ECO 双语语料库发现，"攻坚战"一词一共出现了 32 次，其中"战争"这一意象多次被直译为 fight（7 次），battle（4 次），还有 20 次并未翻译，1 次翻译成了 effort。具体见下例。

2020 年 10 月，中共第十九届五中全会进一步提出深入打好污染防治攻坚战。

译文：At its 5th plenary session in October 2020, the 19th CPC Central Committee reiterated the need to continue pollution control.

上例中，中文在描述"污染防治"时，使用了"攻坚战"这一隐喻词汇，从而为生态保护行动赋予了敌我之间的矛盾、利害的特性，在人民和污染之间构建了敌对关系。一方面以战争的残暴激发出读者心里对生态污染的不安全感、焦虑，甚至是害怕；另一方面以战争的艰辛告知人民这一任务的艰巨，因此要坚持不懈、不畏艰难。这与英文中常用战役来表现行动之困难是类似的。英译文本常常将"攻坚战"处理为"fight"，凸显战斗的勇气，能够有效地传达原语中的态度意义。但是本例中，译者可能考虑到这一映射在生态议题上出现频率较高，为了避免累赘，采取了绝对零翻译，也就是直接省略了喻体和喻义，让译文更为简明。经检索，在 ECO 双语语料库中"污染防治攻坚战"主要采用了四种译文：fight (against) pollution, effort to address pollution, pollution prevention and control, pollution control。

近年来，全国各级各部门持续开展碧水保卫战，水生态环境发生历史性、转折性、全局性变化。

译文：In recent years, relevant government departments have joined the campaign to keep China's waters clear, and overall changes have taken place in the water ecosystem.

上例中也使用了战争隐喻"保卫战"，不过不同于"攻坚战"这一表达，

"保卫战"一词弱化了战争中双方的对立，更多的是强调人民对于生态修复的责任。译者采用了取舍性迁移，也就是省去了原语中的喻体，用"campaign"一词保留其核心的喻义，这样一来减少了文化异质感，最大程度地保证了不同语言受众群体的理解是相通的。当然，根据前文提出的观点，等价性迁移可以更好地体现原文的风格和态度，在这个例子中就是将"碧水保卫战"译作"the battle for the defence of clear waters"，稍显累赘，也容易模糊原文的焦点：水环境保护。因此，笔者认为此处译者的处理虽然没有保留喻体，但是从交际层面来看效果更好。

需要注意的是，战争隐喻可能是一把双刃剑。在实现预期的修辞效果的同时，战争隐喻可能也会带来不必要的自我约束，进而对国家形象塑造和传播起到负面作用。已经有学者指出不宜滥用战争隐喻，尤其是带有残酷、对抗、毁灭感的战争隐喻（贾玉娟，2015）。比如，在讨论防治环境污染、遏制气候变化等议题时，使用战争隐喻，特别是将生态环境的治理类比成一场场攻坚战，一方面确实可以展现国家保护环境的决心和担当，另一方面却在无形之中传达出"改造、驯服自然"的意味，扩大人类与自然的对立，与中国所倡导的"人与自然和谐共生"的理念相违背。再者，隐喻通过强化事物的某些属性，可以选择性框定受众的注意力，"向污染发起攻坚战"的叙事会让读者脑海里自动激活有关战役的场景，甚至会自觉加强环保行动和执法的力度，但是与此同时，公众的期待值也会相应地拔高。既然已经是战备状态，就像战争通常会很快有输赢的结论一样，对于污染的斗争也应该要尽快决出胜负。而现实情况是，"污染"作为非生命体，本身是不可打败的，而且无法彻底消除，人们能做的更多是减少污染和排放，减缓和适应气候变化。当人们发现污染不能被彻底"打败"，环保行动困难重重，推行碳减排的同时还会诱发新的碳泄漏，已经退化的生态环境可能要经历几代人的努力才能修复，就可能因为污染问题迟迟不能根治而产生持续性的社会失望。

另外，"污染防治攻坚战"这一战争隐喻将生态行动都映射到战争这一源域，特别是突出政府扮演的"英雄""领导者"的角色，一定程度上弱化了公众在环保叙事中的存在感。笔者认为，可以借鉴 Semino（2021）将新冠疫情类比成"大火"的做法，把生态环境问题比喻成"fire"（失火），政府是"fire chief"（消防队长），公众可以是"firefighters"（消防员），政府和公众齐心协力，一同遏制火势蔓延（减少污染），并进行灾后重建（修复生态）。

9.2.2　旅程隐喻

国家话语中经常将政府和人民比喻为"旅行者""赶路人"，而其中"路"是非常有中国特色的政治隐喻，如"中国特色社会主义道路"（the path of socialism with Chinese characteristics）。又如"逢山开道，遇水架桥"经常出现在对国家发展历程的描述话语中，借"山"和"水"喻指发展过程中的难关，"开道"和"架桥"表达迎难而上的勇气和随机应变的智慧。这类隐喻蕴含着非常积极的态度意义，而且概念不会晦涩难懂，倘若笼统地译为"tackle difficulties"，可读性虽然很强，但是对原文的态度和意义传递效果较差，应当优先进行"等价性迁移"，也就是尽可能保留原语隐喻的喻义和形式，兼顾形式和内容，建议译为：We must forge new paths and build new bridges wherever necessary。这种译法舍弃了"山"和"水"的喻体形象，避免了译文过于冗长，还能突出"开道"和"架桥"的映射关系。更为重要的是，通过保留主要喻体形象和意义，可以减少态度意义在语言转换中的磨损，适当的"异质性"也有利于目的语受众感受话语中的中国特色，从而更好地构建中国特有的生态文明话语体系。接下来以"路"这一隐喻为例，进一步考察国家生态话语中旅程隐喻的语境和翻译策略。

使用 Paraconc 进行检索，发现 ECO 双语语料库中"路"字共出现 122 次，经人工筛选发现其中有 64 处不涉及使用隐喻修辞（如丝绸之路、"一带一路"、铁路、路基、路线图、思路等），剩余的 58 处中 31 次英译时直接省略，没有进行翻译，也就是采取了绝对零翻译策略；有 19 次采取了等价性迁移，译成了 path（13 次）、way（5 次）、pathway（1 次）；8 次采取了取舍性迁移，译为 model（5 次）、choice（1 次）、means（1 次）、channels（1 次）。很明显该库中对于"路"相关的旅程隐喻英译以绝对零翻译为主，等价性迁移次之，取舍性迁移居末。接下来结合具体句子来分析翻译策略背后的考量。

生产发展、生活富裕、生态良好的文明发展道路……

译文 1：a path of sustainable development based on increased production, higher living standards and healthy ecosystems…

译文 2：a model of sustainable development featuring increased production, higher living standards and healthy ecosystems…

译文 3：a path of sound development based on higher economic output and living standards, and healthy ecosystems…

译文 4：development that features increased production, higher living standards and healthy ecosystems…

自党的十七大报告提出"生产发展、生活富裕、生态良好的文明发展道路"以来，该表述就经常见于国家对外关于生态文明的话语中，在 ECO 双语语料库中共检索到四种不同的译法，其中对于"道路"这一隐喻表达的英译策略可以归纳为：path（等价性迁移）、model（取舍性迁移）和绝对零翻译。具体来说，"道路"可以直译为 path，表达生态文明建设的艰辛历程；也可以转译为 model，强调生态友好型的发展方式；或者直接省去不译。三种处理方式在这一表述语境中并未对态度和价值的传递产生明显的影响。

ECO 双语语料库中还出现了"弯路"这一旅程隐喻，喻指生态建设过程中错误理念所带来的挫折，主要出现了以下两种译法。其中，"blunder"指的是"因愚蠢或粗心而犯的错误"。

人类只有遵循自然规律才能有效防止在开发利用自然上走弯路，人类对大自然的伤害最终会伤及人类自身，这是无法抗拒的规律。

译文：Only by observing the laws of nature can humanity avoid costly blunders. Any harm we inflict on nature will eventually return to haunt us. This is a reality we have to face.

在选择发展道路时，安吉曾走过弯路。

译文：Anji had fallen behind in development.

很明显，上述两种译法均采取了取舍性迁移策略，也就是舍弃了原语的隐喻形式，主要还原了喻义。这种译法本身并没有什么问题，核心喻义的准确再现足以让目的语受众理解原语。但是笔者通过查询，发现"弯路"在表示挫折时在英语中有比较对应的喻体形象，可以采取直译的方式处理为"take a wrong path"或者"make a detour"，这样一来可以更好地传递原文的风格和态度，表达也更加生动，具有画面感。

在气候变化挑战面前，人类命运与共，单边主义没有出路……

译文：In meeting the climate challenge, no one can isolate themselves and unilateralism will get us nowhere.

这一案例中对于"路"的英译采取了取舍性迁移。与前例不同的是，这两处的核心喻义与原语的隐喻形式相去甚远，完全没有任何关联。比如"没有出路"译为"get us nowhere"，或者"unworkable""doesn't work"，虽然在意义传达上没有什么影响，但是如果译为"be a dead end"，保留原语的隐喻特色，更能实现等价传译，特别是受众无需深思便能轻松激活"死胡同"这样的认知图示，从而更好地结合原文背景来把握相关表达的内在含义。

算好"绿色账"，走好"绿色路"，打好"绿色牌"的环保观念和"生态似水、发展如舟"的生态意识逐步深入人心。

译文：The government encourages the public to abandon outdated habits and embrace new and green lifestyles, enhance ecological awareness, and correctly understand the interdependent relationship between good ecology and sound development.

而把"绿色路"英译处理为"green lifestyles"，相对来说更为大胆，需要译者对原语含义有非常准确的把握，甚至需要有条件与原话语的作者进行对话以确定对核心喻义的理解。另外，这句话中还出现了"水"和"舟"这样的隐喻表达，但是译文也采用取舍性迁移，只是显化了喻义内涵，即健康的生态和发展相互依存。笔者认为，"水"和"舟"这类隐喻都是底蕴厚重的隐喻意象，含有丰富的文化价值，虽然对于非本民族受众有一定的理解难度，但是不至于会带来文化阻隔，相反，如果处理得当，不仅不会影响受众的理解度和接受度，而且可以通过一种陌生化的手法，实现中国特色生态隐喻的文化移植，向英语世界展示中国传统表达和文化的美。

在激烈的国际竞争中前行，就如同逆水行舟，不进则退。❶

译文：Caught in fierce international competition, we are like a boat traveling upstream: We must press ahead or we will fall behind.❷

《习近平谈治国理政》的英译工作由中央宣传部（国务院新闻办公室）会同中央文献研究室、中国外文局共同编辑完成，中英文版在国内外发行，相关表述的翻译都经过国内外专家和母语审校的严格把关。"水"和"舟"两个隐喻意象在该系列的第一卷中就经常出现。对比原语和英译，很明显，译者通过"boat"和"upstream"两词完整地保留了原文隐喻的表达形式和信息内涵，完美呈现了如何运用等价性迁移策略，在促进中西方文化认知互通的情况下，完整传译原语的态度和内涵。

总而言之，对于生态文明建设这一"长征"般的壮阔征程，旅程隐喻可以借助中外人民共通的涉身经验和文化社会环境，潜移默化地向国外读者传输中国在该议题上的持续探索、不懈努力和切实行动，从而引导受众更加客观、公正地看待中国的生态问题，增强受众对中国生态大国形象的认同感和亲近感。为此，在翻译旅程隐喻时要尽可能地保留隐喻的形式和内容，采取等价性迁移策略，并且彰显中国走生态可持续发展道路的决心和毅力。

9.2.3　建筑隐喻

建筑隐喻原语多为建筑领域使用的术语，喻义多指与建筑有关的基础性工作，既可表达事物发展初期的成果，又隐含着对未来发展前景的展望。前文已

---

❶　《习近平谈治国理政》第一卷，外文出版社，2014年版，第100页。

❷　《习近平谈治国理政》英文第1版（第一卷），外文出版社，2014年版，第127页。

经指出，中外媒体在报道中国"双碳"目标时都使用了不少建筑隐喻，而且中方报道中使用频率要更高。比如，在谈到国土空间规划时，有将相关体系形象地比喻成建筑中的"四梁八柱"，相应的英译为"institutional framework"，直接采用了取舍性迁移，原因在于中国古代建筑喜用梁、柱结构，四根梁和八根柱子就可以稳稳地支撑起整座建筑，后来常用"四梁八柱"表示事物的结构和框架，而英语文化中并没有这样的喻体形象，因而舍形取义更能保证源语和目的语受众理解相通。接下来会结合语料库数据，来分析 ECO 双语语料库中建筑隐喻在话语中的应用情况，以及相应的英译策略。

经过 Paraconc 检索和人工筛选，发现该库中出现频次较高的建筑隐喻表达有：建设（496 次），构建（109 次），工程（98 次），基础（36 次），共建（31 次）。其中"建设""构建"和"共建"分别出现 139 次、50 次、21 次，被译为"build"。"build"可以说是目的语中最主要的建筑隐喻意象，翻译进行了等价性迁移。新牛津词典对该词的英文释义是：to construct something, typically something large, by putting parts or material together over a period of time（在一段时间内把零部件或材料组合在一起来构建通常是大型的东西）。其中有两个关键，即"部分的集合"和"相当一段时间"，由此来看，英译为"build"能够较好地反映中国生态文明建设事业的全局性和长期性。结合该隐喻的所在索引行和语境来看，有更有趣的发现。

中国共产党一贯高度重视生态文明建设。

译文：The CPC attaches great importance to building an eco-civilization.

六是坚持共谋全球生态文明建设，深度参与全球环境治理，引导应对气候变化国际合作，与世界各国共同呵护好地球家园。

译文：Sixth, China will work with other countries to promote a global eco-civilization, closely participate in global environmental governance, and play a constructive role in international cooperation on climate change to create a better homeland together.

上述两个例子虽然对"建设"一词有不同的处理，但是都将"生态文明"

译为"eco-civilization"，该表达在 ECO 双语语料库中的出现频次高达 126 次。但是本研究发现外媒对于这一概念的接受度较差（具体见 9.4.2）。其中可能有意识形态的原因，但从翻译角度来看，这提示我们需要对这一中国特色概念进行更好的诠释。

生态文明建设是关系中华民族永续发展的根本大计。

译文：Promoting eco-environmental progress is vital to sustaining China's development.

新时代青藏高原生态文明建设，是"建设美丽中国"的重要内容。

译文：Ecological progress on the Plateau in the new era is an important component of the Beautiful China initiative.

通过实行严格的源头保护制度、损害赔偿制度、责任追究制度等，完善环境治理和生态修复机制，强化生态文明建设的引领导向作用。

译文：Much is being done to improve the environmental management and ecological remediation systems, and strengthen the guiding role of ecological progress.

以上三例对"生态文明"一词进行了更加多样化的英译处理，强调了 progress（进步），而非 civilization（文明）。究其原因，笔者认为后者的含义更广泛，如果上下文更加侧重生态环境保护的举措和成效，则更适合英译为 progress, advancement 或者 protection。这种语义调整的出发点在于更加贴近英语语言的表达习惯，削弱文化阻隔可能给受众带来的疏离感与陌生感。

随着生态文明建设的不断深入，高原农牧民"人畜混居"、燃薪烧粪等生活方式逐步发生变化，绿色建筑、绿色能源、洁净居住、绿色出行日益成为受欢迎的生活方式。

译文：As ecological awareness spreads on the Qinghai-Xizang Plateau, fewer farmers and herdsmen keep livestock in their houses or burn firewood and dung for heating. Green housing, green energy, living on clean energy, and green travel have become increasingly popular lifestyle habits.

本例中的英译方式非常特别，不仅在译入语中完全没有了原建筑隐喻的形式和内容，而且增译了"awareness"（意识）一词。结合上下文来看，中文句的主旨在于陈述"生态文明建设"和"个体生活方式的转变"之间的因果联系。生态文明建设的一个重要方面就是通过各种科普宣传提升大众对于生态保护的意识，观念的调整带来行动上的改变。基于此，译者把"ecological progress"转译为"ecological awareness"更像是刻意为之。"深入"一词相应地译作"spread"（传播）。这充分体现了隐喻翻译中取舍性迁移策略的魅力。虽然喻体形象损失了，但是喻义以更加明晰、具体的语言形式呈现了出来，更容易实现中外受众在认知上的等价。

ECO 双语语料库中还出现了以下表述（表 9-2）。显然，这些英译都有一个共同点，既省去了源语的建筑隐喻，也舍弃了"文明"这一概念，而是把话语焦点转移到了偏正式短语的名词部分，分别强调"成果""活动""挑战"。

表 9-2　ECO 双语语料库中的建筑隐喻

类型	英译
生态文明建设成果	ecological achievements, advances in ecological conservation
生态文明建设活动	eco-themed public campaigns
生态文明建设挑战	ecological challenges

以上案例中对于"文明"一词的处理方式比较多样，值得深究。该词毫无疑问是中国特色政治和生态理念的核心概念之一，也正因为如此，随着时间的推移，对于这一概念的诠释也越来越多，导致它的内涵和外延不断扩大。但是在英语中，对应词"civilization"无论定义还是使用范围都非常狭窄、明确，主要指"a state of human society that is very developed and organized"（高度发达和有组织的人类社会状态）。罗国青和王维倩（2011）也指出，文化具有特异性，一个民族的特有文化会与其语言表述紧紧绑定在一起，源语语言文化中某些固有的特性仅在源语语言中才能自然呈现。为此，在对外译介时，首先要规避泛"civilization"的现象，避免误解和理解混乱的情况，其次还要结合不同语境，

充分把握"文明"一词的具体含义，确保译文的整体接受度和可读性。

综上所述，在建筑隐喻的翻译问题上，译者更多的是考虑隐喻出现的语境含义、译文对于国家形象的塑造效果以及简明翻译的原则，并没有一味地拘泥于等价性迁移。中外读者在思维层面上的差异决定了他们在表达形式上面的差异，而深层次的文化内涵差异又会使双方在实际联想和理解上相差甚远，进而出现交流障碍，甚至是误解和冲突（易敏，2014）。以"生态文明"这类较为宏大的中国特色生态叙事话语为例，直译不是唯一的原则，应当结合具体使用语境和目的语受众已有的反馈，来对译介策略进行调整。

9.2.4　其他隐喻

中国生态文明话语中还常常出现其他类型的隐喻。以颜色隐喻为例，它常见于文学作品中。同一种颜色在不同的文化背景下常常含义不同，比如红色在中国传统里是热闹、喜庆的象征，但是在西方文化中通常表示血腥、恐怖，甚至是暴力。但是在鲁迅的《呐喊》一书中，红色的隐喻内涵又接近西方文化的思维认知，暗示着主人公不幸、痛苦的悲剧命运。生态话语中常常出现绿色："绿色是生态文明的底色。""绿水青山"喻指健康的生态环境，"金山银山"象征财富和发展。

绿水青山就是金山银山。

译文 1：Lucid waters and lush mountains are invaluable assets.

译文 2：Green is gold.

译文 3：Green mountains are themselves gold mountains.

译文 4：Mountains of green are mountains of gold.

译文 5：Green mountains are themselves gold mountains and are much more precious than economic returns.

译文 6：We must keep the green mountains unspoiled.

以上总结罗列了 ECO 双语语料库中对"绿水青山就是金山银山"这一重要生态概念的六种译法。对比分析可发现，颜色隐喻词"绿""青"或是转译为形容词 lucid, lush，或是直译为 green。但无论怎么处理颜色隐喻，这些译文都完成了源语核心喻义的准确传达。不过，从对外传播的角度来看，笔者认为译文 1 和译文 2 更优。译文 1 无论是形式上还是内容上都与中文表述对应性更强，有利于中国特色理念的对外译介；译文 2 胜在形式简单、对仗工整、朗朗上口，有利于更大范围的快速传播。

人不负青山，青山定不负人。

译文：Green mountains will never fail the people who protect green mountains.

本例中对于"青"这一颜色隐喻的处理并无特别，但是仔细分析原文的语境，笔者认为比起直译，该句更适合用取舍性迁移，也就是把"青山"意译为"Nature"（自然）。整句翻译为：If we humanity do not fail Nature, Nature will not fail us. "青山"在原句中指涉的是具象的自然环境修复的成果，在英语中缺乏意义对等的隐喻表达式，因此不妨采纳该词的上义词，也就是自然环境本身，从而让译语的内容更加清晰明了。

"一粥一饭，当思来处不易；半丝半缕，恒念物力维艰"的治家格言。

译文：Family mottos such as "when eating, one should know that food does not come easily; when wearing clothes, one should remember that even a thread is made with great effort."

能源的饭碗必须端在自己手里，立足国内增强能源自主保障能力。

译文：To ensure that it always has control over its own energy supply, China has increased its capacity to meet its domestic needs.

上述两个例子中出现了物品隐喻。中国人讲究"民以食为天"，而大米是中国人餐饮结构中的重要主食，因此经常用"米饭"来喻指重要性。两处译文同样是采取了意译，先是删除了隐喻意象，然后根据隐喻表达所在的语境进行翻译，译者的重点显然是在准确传递源语中包含的态度和立场，即爱惜粮食，确保能源安全。

ECO 双语语料库中还有一些人体类隐喻，如"抓手""回头看""感恩之心"立足"等。

并进一步明确了三种督察方式，即例行督察、专项督察、"回头看"等。

译文：The inspections can be regular or ad hoc, and follow-up inspections will also be carried out to review the effects of regular inspections.

环保信用评价是加强生态环境监管的重要抓手，是推动市场主体履行生态环境保护责任、提升生态环境治理能力的重要举措。

译文：This is an important system for reinforcing environmental regulation and driving market entities to fulfill their responsibilities for environmental protection and increase their environmental governance capacity.

尊重自然，是人与自然相处时应秉持的科学态度，即人对自然应怀有敬畏之心、感恩之心，尊重自然界的存在、再生和循环能力，而绝不能凌驾其上。

译文：Respecting nature is a sound attitude to adopt. Humanity must revere nature and be grateful to nature, respect nature and its capacity for revival and circulation, instead of attempting to dominate nature.

立足基本国情和发展阶段，不断深化海洋生态环境保护认识……

译文：Factoring in the basic reality and development stage of the country, China has gained a deeper understanding of marine eco-environmental protection…

以上四个例子都应用了人体隐喻。对比发现，核心隐喻词"手、头、心、足"都没有在英译中出现，说明译者采用了取舍性迁移，没有保留源语的意象。根据认知语言学，隐喻的目的在于用源域中具体的、简单的、熟悉的概念去理解目标域中复杂的、抽象的和陌生的概念，而上述隐喻虽然在汉语语言文化中相当普遍，但是在目标域，即英语语言和文化语境中，并没有直接对应的认知映射，因此抛弃原有的意象，进行创造性的释译反而更能保全源语的核心喻义，实现功能和效果上的等效，同时也更易于目标语受众接受。

总的来说，隐喻作为一种话语修辞，有着丰富的态度评价资源。中国生态文明建设话语中的概念隐喻主要包括战争隐喻、旅程隐喻、建筑隐喻、颜色隐喻和人体隐喻等。通过隐喻构建生态文明话语既可以增强话语表达的生动性和新颖性，又可以有效传达话语主体的态度立场和形象塑造。关于隐喻表达的英译，所收集的双语语料主要采用了等价性迁移、取舍性迁移即绝对零翻译策略，大部分情况下都实现了较好的交际效果，正面塑造了中国负责任的生态大国形象。但是研究也指出不宜滥用战争隐喻，应当更加强调人与环境的和谐而非对立；对于中外含义相同，且于原文而言态度意义比较重要的隐喻表达，应尽可能采用等价性迁移策略，最大程度保全隐喻的喻义和特色，更好地构建和传播具有中国特色的生态文明话语；对于文化个性十分强烈、文化适应性较差的隐喻，为避免译文晦涩、不自然，可舍弃喻体形象保留喻义，或者直接省略不译，优先保障话语意义的准确传达；应该进一步挖掘中英语言文化中的隐喻资源，特别是多利用目的语受众熟悉的隐喻意象来提高话语表达的吸引力和亲切感，拉近与读者的距离。

9.3　元话语翻译策略

元话语的英译是源语作者、译者和译文读者三方之间互动的产物，蕴含译者的语篇意识、思维方式和态度立场，其翻译是否妥当也影响目的语读者是否能够准确理解源语的内涵和态度。对比中英两种语言，汉语是"字本位"，英语是"词本位"，但是词汇可以说是两种语言在进行互译时的基本单位，要想实现翻译中的"信"，首先要确保"词汇"的翻译准确度。所以从元话语标记语角度来探讨中国生态文明话语对外译介很有价值。

2024 年 9 月，新加坡《联合早报》在报道"四方安全对话"（QUAD）时借中文翻译引用了美国总统拜登的发言："中国在几个方面考验着我们整个地区……我们认为激烈的竞争需要激烈的外交"，给人一种四国将要采取对中国不利的外交政策的印象。但如果回到源语"we believe intense competition requires intense diplomacy"就会发现，此处的"intense"是常见的态度标记语，而且是一词多义，"intense diplomacy"指的是"密集的外交"，而非"激烈的外交"。本节基于 ECO 双语语料库，梳理国家翻译实践中对元话语标记语的英译策略及原因，以期从翻译的信度和效度角度为我国生态话语的对外译介提供一定参考。

根据表 8-1 列举的常用人际互动元话语标记语，使用 Paraconc 进行检索统计，发现模糊语、自我提及语和介入标记语的出现次数都很少，而且英译以直译居多，对于"较为完善""一定国土空间"等表述中的表示程度的模糊语"较为""一定"还会直接进行省译。为此，本节将主要讨论更为典型的增强语和态度标记语的翻译策略。

9.3.1　增强语

经统计，ECO 双语语料库中出现频次较高且有代表性的增强语包括："坚决"（16 次）、"确定"（14 次）、"强调"（13 次）。表 9-3 对这些词的翻译策略和频次进行了统计。显然，国家翻译实践中对于增强语的处理除直译外，还会采用转译或者省译策略。接下来结合具体语料案例来分析。

表 9-3　ECO 双语语料库中增强语翻译情况

标记语	翻译策略（比例）	英译（频次）
坚决	省译（69%）	—
	直译（25%）	determination(1), steadfast(1), resolutely(1), be resolved to(1)
	意译（6%）	take tough steps(1)
确定	省译（14%）	—
	直译（36%）	set(4), determine (1)
	意译（50%）	list(3), designate(2), make(1), specify(1)
强调	省译（15%）	—
	直译（54%）	emphasize(5), highlight(1), underline(1)
	意译（31%）	point out(1), say(1), call for(1), urge(1)

制定实施《大气污染防治行动计划》《水污染防治行动计划》《土壤污染防治行动计划》三个污染防治行动计划是中共中央、国务院推进生态文明建设、坚决向污染宣战的一项重大举措，是系统开展污染治理的重要战略部署。

译文：Formulating and implementing the three major action plans on addressing air, water and soil pollution are significant moves taken by China's central authorities to fight pollution and build an eco-civilization.

2020年9月，习近平以视频方式会见联合国秘书长古特雷斯时强调，发展必须是可持续的，需要处理好人与自然的关系。

译文：In a video conference with UN Secretary-General Antonio Guterres in September 2020, President Xi said that development must be sustainable and humanity must manage the relationship with nature wisely.

上述两个例子分别使用了省译和转译，但都体现了一种"简化"策略。这符合语言学家 Baker（1996）提出的翻译语言（translated language）简单化的趋势，包括词汇、句法和文体。"坚决向污染宣战"中"坚决"这一修饰语在译文中直接省去了，译文更为简洁明了。"强调"的译文"say"弱化了源语语义的信息强度，符合人际交往的"礼貌原则"，表达出委婉礼貌。

坚决制止和惩处破坏生态系统、物种和生物资源的行为。

译文：It has taken tough steps to stop and punish all activities that do damage to ecosystems, species and biological resources.

《水污染防治行动计划》确定了十个方面的措施……

译文：The document listed 10 measures…

……确定中国生物多样性保护优先区域。

译文：…designating priority areas for biodiversity protection.

2018年5月，习近平在全国生态环境保护大会上强调，要给自然生态留下休养生息的时间和空间。

译文：At the National Conference on Eco-environmental Protection held in May 2018, he again called for time and space for nature to recuperate.

针对外交话语的翻译，杨明星（2008）在尤金·A.奈达的功能对等理论的基础上提出了"政治等效"（political equivalence），强调外交翻译要力图兼顾政治性、动态性和平衡性，在保证忠实、准确的前提下，使用目的语受众能理解的译入语来表达。上述四个例子在翻译策略上都使用了转译，正是因为考虑到了这些中文标记语在特定语境下的不同含义，并根据目的语的搭配和思维习惯进行动态、灵活的处理，以实现语言层面上通顺传达。

9.3.2 态度标记语

统计发现 ECO 双语语料库中也存在大量态度标记语，其中比较有代表性的是"显著"（33 次）和"明显"（30 次）这一对看似相近的程度修饰语。具体翻译策略和频率见表 9-4。可以看到，译者在处理同一中文词时注意了英译表达的多样性，"显然"一词除省译外，还使用了 13 种译法；"明显"则使用了 14 种译法。

表 9-4 ECO 双语语料库中态度标记语翻译情况

标记语	翻译策略（比例）	英译（频次）
显著	省译（27%）	—
	直译（52%）	significant(ly)(5), marked(ly)(4), notable(ly)(4), remarkable(2), prominent(1), profound(1)
	意译（21%）	by a big margin(1), massive(1), substantial(1), feature(1), positive(1), great(1), more(1)
明显	省译（20%）	—
	直译（57%）	notable(ly)(7), obvious(ly)(3), remarkable(2), marked(2), distinctive(1), dramatic(1)
	意译（23%）	hallmark(1), more (convenient)(1), greater(1), strong(1), highlight(1), solid(1), better(1), by a notable margin(1)

译者充分考虑了目的语的语境意义，比如：

部分地区通过 VR（虚拟现实）体验、互动游戏、微电影等形式创新普及海洋生态环境保护法律法规，成效显著。

译文：In some regions, virtual reality experiences, interactive games, microfilms and other new forms have been used to support educational campaigns on the law, to positive effect.

能源生产和消费结构不断优化，能源利用效率显著提高，生产生活用能条件明显改善。

译文：The structure of energy production and consumption has been optimized, energy utilization efficiency has risen by a significant margin, and energy use has become more convenient for work and daily life.

人民群众临海亲海的获得感、幸福感、安全感明显提升。

译文：People can safely enjoy the sea, with a greater sense of satisfaction and happiness.

第一个例子中，"成效显著"这一主谓式短语译成了介词短语"to positive effect"，"显著"一词语义进行了弱化处理，表达形式较新颖，但是不清楚译者这样处理是否还有其他考量。后两个例子中，"明显改善"或"明显提升"本来是"程度副词＋动词"的结构，英译中变成了形容词比较级，没有逐字翻译，但是通过词性和结构转换准确传达了原文的政治内涵，即绿色转型和生态文明建设让老百姓的日子越过越好，较好地实现了"政治性"和"动态性"的平衡。

但是，译者对程度修饰语的细微差异没有做很好的区分。根据《现代汉语词典》（第 7 版），"显著"意为非常明显，而"明显"指的是可以清楚地显露出来。从修饰程度上来说，前者要高于后者。但是对比发现，两个标记语的英译用词上没有明显区别，特别是在直译时都经常翻译为 marked(ly), notable(ly), remarkable，说明两者是被视作同义词来使用了。

战略性新兴产业成为经济发展的重要引擎，经济发展的含金量和含绿量显著提升。

译文：…strategic emerging industries as a key driver for economic development, reaping remarkable economic and social benefits as a result.

库布奇沙漠区域生态环境明显改善，生态资源逐步恢复，沙区经济不断发展，三分之一的沙漠得到治理……

译文：As a result, the environment has seen remarkable improvements, eco-environmental resources have been restored, and one-third of the desert has been turned green, while the locals have a growing desert economy.

对比这两个例子，一个是"显著提升"，一个是"明显改善"，程度是有所不同的，但是英译中都使用了 remarkable 一词。根据"政治等效"的翻译观（杨明星，2008），精准传递源语的政治立场和内涵是第一位的。中国对外生态话语常常会使用范围、程度、频率等修饰语来对中心词进行界定，表意功能多样，可以是渲染情感、增强语势，或是强化结论、校准判断（陈法春，2024），隐含在其中的信息不容忽视，在翻译时需要进行区分。

综上所述，元话语的翻译策略受到话语特征的影响，中国对外生态话语对人际互动元话语的使用比较严谨，因此翻译时常常采取直译来减少信息传达可能出现的偏差，但是中外语言在词语上的差异又需要译者在保证"政治性"的前提下，根据具体语境和受众偏好来灵活变通。不过，关于何时省译、何时进行语义弱化处理，限于语料库规模较小，笔者并未发现其中的规律。

9.4 关键词翻译策略

另外，CCC 和 WCC 两库中的语料均为有关中国"双碳"目标的英文新闻报道，从词丛层面上考察两库，发现中外媒体在部分关键词的英文表述上存在一定的差异。笔者以"'双碳'目标""生态文明"等关键词为例，在批评话语分析理论的指导下，尝试探究这些关键词所塑造的国家形象及其成因，进而就其英文表述提出相应的优化建议。

9.4.1 "双碳"目标

双碳话语是中国对外生态话语体系的重要组成部分，不仅代表着中国对世界的减碳承诺，更是中国参与全球气候变化议题和决策制定的重要抓手，相关话语的内涵如何在外国媒体报道中得到有效、准确的解读至关重要，因此很有必要考察 CCC 和 WCC 两库中的相关英文表述，并进行对比分析。需要指出的是，在国际关系领域，对外话语的翻译本身就可以有多种语言表达方式，但是应当满足几个基本条件：用语恰如其分；准确译出特定话语的丰富内涵和外延等信息；充分考虑受众的文化认知背景，易于目标受众理解和接受。

对 CCC 进行检索，发现"双碳"目标出现了至少七种英文译法（表9-5）。从词语角度来看，"碳中和"一词的英文表述十分稳定，但是"碳达峰"的英译比较灵活，这主要是因为"peak"一词有多种词性，既可以作为名词构成"carbon peak""a peak"这样的名词短语，表示碳排放达到峰值这种状态，用语简练，凸显了英语语言的客观性和静态性，显得更为庄重，而且与中文在形式和长度上都能够对应；也可以用作动词，比如"peak carbon emissions""have carbon emissions peak"，直译为"使碳排放达到峰值"，虽然用词更多，但是更好地明确了碳达峰本身作为一个行动目标的本质。

表9-5　CCC 中"双碳"目标的表述

英文	中文
carbon peak and carbon neutrality targets/goals/objectives	碳达峰和碳中和目标
carbon peaking and carbon neutrality	碳达峰与碳中和
have CO_2 emissions peak before 2030 and achieve carbon neutrality before 2060	2030 年前二氧化碳排放达到峰值，2060 年前实现碳中和
peak carbon emissions and achieve carbon neutrality	实现碳排放峰值，实现碳中和
bring carbon dioxide emissions to a peak before 2030 and become carbon neutral before 2060	使二氧化碳排放量在 2030 年前达到峰值，并在 2060 年前实现碳中和
"dual carbon" goals	"双碳"目标
"3060" target	"3060"目标

需要指出的是，基于中外媒体语料库的对比，中方媒体对英译"carbon peaking"的使用值得商榷。该表达出现了 100 次，频率颇高。索引行检索显示该表达是被作为一个名词短语在使用，但是 peaking 这种表述本身有无问题呢？根据牛津词典，peak 有动词、名词和形容词三种词性。在 WCC 中进行检索、语法分析和人工统计，发现三种词性都有应用（表 9-6）。

表 9-6 WCC 中"peak"的使用情况

词性	含义	常见搭配	频次
动词（及物 / 不及物）	（使）达到峰值	peak emissions, emissions to peak	221
名词	顶峰，峰值	emissions peaking, emission peak, a peak	39
形容词	峰值的，高峰的	主要与 emissions 形成偏正式短语，跟在 of, for 等介词，或 reach, hit 等动词后	49

值得注意的是，在 WCC 中，"peak"的动名词形式"peaking"出现了 6 次，其中包含一次"carbon peaking"的搭配。这样的使用频次，远低于 CCC 中的 100 次。仔细分析 WCC 中出现的唯一一次"carbon peaking"，它出现在英国《独立报》2023 年 3 月 29 日发布的这则报道中：

"We will actively and prudently promote carbon peaking and carbon neutrality," said Zhao Chenxin of the National Development and Reform Commission. "However, we must balance its relations with energy security and development."

译文："我们将积极稳妥推进碳达峰和碳中和的计划，"国家发改委赵辰昕表示，"但是，我们要平衡好它与能源安全和发展的关系。"

在这里，报道者是直接引用了中方工作人员的话，故该表述可能借用了中方的媒体报道。下面这则报道也存在相似的情况，而且此处可能存在编辑错误——"carbon dioxide emissions peaking"和后面的"reaching 'neutrality'"从句法结构上来说应属于并列关系，但是实际并不对应：

Xi said China would update its Paris agreement commitments to carbon dioxide emissions peaking before 2030 and reaching "neutrality"…

(*The Guardian,* 2020-09-24)

译文：习近平表示，中国将在《巴黎协定》的基础上，将碳达峰的目标时间提前至 2030 年前……（《卫报》，2020-09-24）

其余的 4 次动名词"peaking"出现在新加坡的《海峡时报》（3 次）和韩国的《韩国时报》（1 次）上。这些国家的英语新闻报道的地道程度还需要打一个问号。结合使用频次和消息来源来看，"carbon peaking"存在误译的嫌疑，可能会对中国国家形象的塑造造成负面影响。

综上所述，笔者认为中方媒体在报道中需要慎重使用"carbon peaking"这一表述，以体现英语新闻媒体报道的严谨性，同时可以多借鉴外国媒体，特别是英美国家媒体对于"peak"这类小词的灵活使用，比如多使用其形容词词性。

WCC 中对应"双碳"目标的表述至少有六种（表 9-7），呈现出两种特征。

表 9-7　WCC 中"双碳"目标的表述

英文	中文	频次
climate targets	气候目标	34
go/be/become/carbon neutral	达到碳中和	62
carbon neutrality target/goal/pledge	碳中和指标 / 目标 / 承诺	25
decarbonization (plans/policy)	脱碳（计划 / 政策）	7
carbon neutral goals/targets	碳中和的目标 / 指标	4
dual carbon goals	双碳目标	1

（1）用词简单，但含义模糊。

外媒多次使用"climate"（气候）和"decarbonization"（脱碳、碳减排）来指代中国的"双碳"目标，对于新闻读者来说虽然简单明了，容易理解，但是有些过于笼统，无法具体反映中国在减排方面 2030 年和 2060 年前预期达成的目标。根据联合国政府间气候变化专门委员会的定义，碳达峰指的是某个地区或行业年度二氧化碳排放量达到历史最高值，然后经历平台期进入持续下降的过程，是二氧化碳排放量由增转降的历史拐点，标志着碳排放与经济发展实现脱钩；碳中和指在规定时期内在全球范围抵消人为二氧化碳排放，实现二氧化碳净零排放（IPCC, 2019）。很明显，碳达峰和碳中和并非同一个概念，语用内涵差异很大。同样地，外媒仅提及"carbon neutrality"（碳中和），而直接省去了碳达峰这一目标，也不利于外国受众对中国减碳行动建立准确和完整的认知，中国特色话语的传播也就无从谈起了。究其原因，大概率是因为外媒记者倾向于自身工作便利，不愿意多费笔墨解释一个更为复杂的概念，而更愿意使用现成的、已经有广泛知晓度的表述，或者自觉没有义务帮助别国宣传生态话语。

（2）转换词性，灵活搭配。

经统计，语料库 WCC 中"neutrality"一词的使用频次是 345 次（21.5ptw），"neutral"一词的使用频率是 70 次（0.4ptw）；CCC 中"neutrality"一词的使用频率为 841 次（3.2ptw），"neutral"一词的使用频率是 83 次（0.3ptw）。一定程度上来说，比起"neutrality"，外媒更喜欢用它的形容词形式"neutral"。

除了词语选择的差异，CCC 和 WCC 两库中对于不同表述的使用情况在历时方面也有差异。可以借助 AntConc 软件的 Plot（分布图）功能直观了解特定词语在 CCC 中的分布情况（表 9-8）。在语料库搭建过程中，采集的新闻报道是以发表时间来进行排序的，所以通过这一功能可以看到媒体报道使用相关英文表述的历时情况。

表9-8 CCC中4个关键词的历时分布

关键词	频次	离散度	历时分布图
carbon peak（碳达峰）	107	0.809	
carbon peaking（碳达峰）	100	0.776	
carbon neutrality（碳中和）	798	0.945	
dual carbon（双碳）	50	0.369	

从历时角度来看，前三种译法的离散度均高于 0.75，在该库中呈现出比较均匀的分布，但是 "dual carbon" 的离散值仅为 0.369，在该库中分布集中在后三分之一。对具体的上下文语境进行查看，发现 2022 年 3 月 11 日发布的题为 "Two Sessions Explainer: China taking concrete steps to foster green, low-carbon development"（两会解说：中国采取具体措施推动绿色低碳发展）的报道首次使用这一表述。另外，在 2021 年 8 月 11 日发布的《发达国家肆意排放——随着极端天气袭击世界许多地区，一些人试图将责任归咎于中国》（*Reckoning of developed nations' luxury emissions—As extreme weathers hit many parts of the world, some attempt to dump blame on China*）一文中，还使用过 "'3060' target" 这一译文。笔者尚未查找到任何官方对于以上译法调整原因的解释，但是可以推测中方媒体有主动、自觉对 "双碳" 目标这一中国特色话语进行更好的传播。

汉语具有高度凝练的特点，"双碳" 就是一个很好的例子。通常在对外传播时，译者需要理解这类话语的具体含义，并在译文中进行显化处理，以此补偿语内信息表达的不足，避免目的语受众因文化缺省或知识空缺而无法理解的情况。类似的例子还有北京 "双奥之城" 的美誉，可以翻译为 "the city the world's first to host both the Summer and Winter Olympic Games"，通过增加要素，来还原中文词语表面缺失的语义，进而实现语境的重构，帮助读者了解汉语表达的实际内涵。同样地，"双碳" 按照这一原理也应采取 "carbon peak and carbon neutrality targets" 等相对复杂但是意义明确的译法。但是从传播的角度来看，简洁精炼的文风、简单明朗的形式读起来更令人神清气爽，更具可读性和对话性，在对外传播时使用效率也可以大大提升。从这一层面上来说，译文 "dual carbon" 创新了原来的话语表达形式，可以实现更好的新闻传播效果，这很有可能是中方媒体在 2022 年 3 月后逐渐开始使用这一新英译的考量。当然这种创新有一大前提，即要确保目标语受众已经对这类话语的内涵及其背后复杂的理论和思想形成了基本认识。结合对 CCC 的检索，发现报道者对于 "'dual carbon' goals" 的介绍和解释有所不足。如下例中，报道者在该表述出现的段落或前文中未对其所指进行明确阐述。

Yet we must not distant ourselves from realities and rush for quick results, President Xi's remarks underscored the country's firm commitment to pursuing its "dual carbon" goals step by step, while also ensuring energy security. (*People's Daily*, 2022-03-11)

译文：然而，我们不能脱离现实，急于求成，习主席的讲话强调了中国在确保能源安全的同时，将坚定不移地朝着"双碳"目标前进。(《人民日报》，2022-03-11)

在 WCC 中该关键词也出现了，见下例：

China's green energy drive is part of its effort to meet dual carbon goals set out in 2020. As the world's second largest economy, it is the biggest emitter of greenhouse gases and accounts for half of the world's coal consumption. The Chinese president, Xi Jinping, pledged in 2020 to achieve peak CO_2 emissions before 2030 and carbon neutrality by 2060. (*The Guardian*, 2023-06-29)

译文：中国的绿色能源发展是其实现 2020 年"双碳"目标的一部分。作为世界第二大经济体，全球最大的温室气体排放国，中国煤炭消费量占世界的一半。2020 年，中国国家主席习近平承诺在 2030 年前实现碳达峰，在 2060 年前实现碳中和。(《卫报》，2023-06-29)

报道者使用了"dual carbon goals"这一更具中国特色的英译，就是中方媒体话语产生影响力的佐证。考虑到受众之前对该表达不熟悉，报道者在同一段落中明确了该目标的实际内容，这种语篇内的互文让读者可以更加容易地建立联想，从而迅速领会到该术语的内涵。中方媒体可以借鉴这一点，或者在前文中提及相关内容的时候，加上"or the so-called dual carbon goals"（即所谓的"双碳"目标）的补充说明，从而避免读者一知半解的情况。可惜的是，WCC 中这一表述只出现了一次，说明这一话语在外国媒体中的影响力还有待提高。

任何一个概念在刚刚出现的时候都会呈现出不稳定性，"双碳"目标这一中国特色话语也不例外。但是随着中国不断推进国内减碳事业，继续融入全球气候变化减缓合作，相关表述和翻译有必要进一步规范和固化，以逐渐引导外媒在报道中国双碳议题时直接使用中国式的话语表述，这样中外媒体就能形成合力，让中国在国际生态领域的话语权不断提升。

总的来说，在一定程度上，以《人民日报》（海外版）为代表的中方英语媒体和外国媒体在报道中国"双碳"目标时，词语层面的选择存在一致性，即都会围绕"carbon""neutrality""neutral""peak"等关键词，而且双方在表述上都呈现出多样化的特点。但是中国"双碳"目标译文的话语质量和传播效果还有提升空间，需要对译文生产加以反思。

目前中国媒体在英语报道中对"peak"一词的使用在语法层面上还不够严谨，主要表现在"peaking"这一动名词的误用。杨明星（2008）基于尤金·A.奈达的功能对等理论，提出了"政治等效"原则，指出"必须一方面准确、忠实地反映原语和说话者的政治思想和政治语境，另一方面要使用接受方所能理解的译入语来表达，使双方得到的政治含义信息等值，使译文起到与原文相同的作用"。建议未来在使用"peak"一词时更加准确，要使用英语受众能够容易理解的译入语表达，比如使用"peak"的形容词词性，表达为"peak emissions"（碳达峰）。

2022年3月后开始启用的新表述"dual carbon goals"是中国生态文明话语自塑性建构的有益尝试，更加简单明了，具有更好的传播潜力。魏向清和杨平（2019）提出，术语翻译需要标准化，可以通过"自塑"标准化和"重塑"标准化来促进中国特色话语有效对外传播。长期以来，全球重大议题的话语构建权集中在西方大国手中，都是先有英文表述，中国媒体要使用就得将英文译成中文，这种西方知识的"殖民"倾向就是中国特色话语"走出去"必须要回应和打破的。"双碳"目标作为中国对世界的重要承诺，理应在世界生态话语中占有一席之地。话语传播，术语先行，有必要对该术语的译文进行标准化，在今后的报道中统一规范使用，进而逐渐提高影响力和使用范围。

9.4.2　生态文明

"生态文明"（ecological civilization/eco-civilization）这一中国特色生态话语在 CCC 中的出现频次高达 152 次，但是在 WCC 中仅出现了 28 次。

中国政府高度重视生态文明思想对生态建设的指导，党的十八大通过的《中国共产党章程（修正案）》，把"中国共产党领导人民建设社会主义生态文明"写入党章，中国共产党在全球首创将生态文明建设纳入执政党的行动纲领。但是从外国媒体的相关报道来看，他们对这一思想的接受程度不理想。

《卫报》在 2021 年 10 月 16 日发布的一篇新闻报道中直言不讳，"生态文明"这一中国式表述对于其他国家来说非常陌生：

> "ecological civilisation", a little-known phrase outside its borders with big implications for the planet…

译文："生态文明"，一个在国外鲜为人知的短语，对地球有着重大影响。

在进一步谈到中国的生态文明思想时，该报更是提出中国特色生态话语的英译是蹩脚的，还说这些宣传话语是形式大过内容。

> In China, ecological civilisation is marked by phrases with awkward English translations such as "green mountains are gold mountains and silver mountains", commonly cited by Xi, which is meant to highlight the importance of a healthy environment to economic development. In the past few years another phrase, "building a beautiful China", also popped up in Chinese state media, suggesting a top-level push in a similar direction… But despite the prominence of the phrase in China, some suggest that ecological civilisation is a triumph of style over substance when it comes to the environment. (*The Guardian*, 2021-10-16)

译文：在中国，生态文明这一概念经常伴随"绿水青山就是金山银山"等蹩脚的英文翻译，旨在强调健康环境对经济发展的重要性。

在过去的几年里，另一个概念"建设美丽中国"也出现在中国官方媒体上，暗示着领导层提出的又一大类似目标……尽管生态文明这一概念在中国知名度很高，但一些人认为，在环境问题上，生态文明是形式大过内容。（《卫报》，2021-10-16）

在这一篇题为"'Ecological civilisation': an empty slogan or will China act on the environment?"（"生态文明"：一个空洞的口号还是中国会在环境问题上采取行动？）的新闻报道中，作者对"生态文明"进行过适当解释，比如提到该话语是"the slogan for Chinese efforts to embrace environmental sustainability"（中国环境可持续性行动的口号），还指出中国语境下的"生态文明"的内涵既包括环境保护本身，还涉及传统中医药、野生动植物贸易、水电站和农耕。与此同时，作者多次借助直接引述，责难这一话语在国际上"has mostly been about words but very little deeds"（大部分是停留在口头上，真正落实到实际行动的还很少），强化了中国环境恶化的固有印象，最后更是得出结论："But whatever the final definition of ecological civilisation, Xi has made it the core of Beijing's action on the environment"（但无论生态文明的最终定义是什么，习近平都将其作为中国环保事业的核心）。在联合国 COP26 气候变化大会召开前夕，作者写道："Xi's reported absence is proof that China has reverted to type, an example of the world leaders that talk but don't do"（习近平可能的缺席说明中国恢复到了常态，像世界上许多其他领导人一样"只说不做"）。这种对中国话语和领导人的恶意揣测实际上带有非常严重的意识形态色彩，试图引导公众从这些西方主流媒体的立场阐释中国生态问题，将中国的国际形象建构为言行不一的国家。

其实中国提出生态文明的概念，是相较于工业文明来说的。工业革命时期的特点是科学技术快速发展，帮助人类将自然条件和资源转化为巨大的物质财富，但是也带来了生态破坏的恶果。因此这一理念是根据人类文明发展的历时趋势作出的判断，也表达着中国对于人类文明转型方向的主动选择，扬弃工业文明、推进生态文明建设的希冀。

9.5 小结

中国生态文明话语的翻译不仅是语言表达层面的转换，而且涉及国家的政治立场、生态哲学思想、生态价值取向、社会文化传统等多个要素，还要考虑对外传播的实际成效。在中国，《人民日报》这类官方媒体机构肩负着通过英语新闻报道讲好中国故事、宣传主流叙事和意识形态的重大责任。其中新闻翻译是关键的一环，深刻影响着中国话语对外译介的效果，但是无论对内还是对外，新闻翻译都面临着重重挑战。

内部来看，新闻翻译的挑战主要是采写译机制不友好，以及时间紧、任务重。国际新闻常常是基于"中文采编＋翻译"的工作流程，中外新闻写作方式本身就有很大差异，如果直译会造成可读性差，但是过多修改又恐意义出现偏差，需要在翻译和编写间进行平衡。而且新闻翻译要求高、时效性强，要在短时间内形成高质量的译文本身就非易事。很多业内人士提出优化国际新闻的生产流程，建议由新闻记者和新闻翻译工作者共同创作，从而让后者能够在新闻创作初期就掌握一定"话语权"，可以就稿件的增删、修改从跨文化传播角度提建议。再者，考虑到新闻时效性强，要想充分发挥英语新闻在争取国际生态话语权上的作用，就得"先声夺人"，要想方设法提高翻译效率。当前，各种人工智能翻译工具层出不穷，新闻翻译工作者可以利用机器翻译与译后编辑（Machine Translation Post-Editing，MTPE）模式大大提升工作效率，但是也需要充分发挥能动性，积极树立目标语思维意识，灵活运用必要的翻译策略，比如可以借鉴本章节提出的翻译策略，增强译文的可读性和传播效果，更好地服务国家形象的正面、立体塑造。

对外而言，国际新闻往往也是政治角力的竞技场，意识形态、价值取向等因素都影响着新闻翻译和传播的效果。目前，中国对外生态话语的输出主要依赖于《人民日报》《中国日报》等官方新闻机构，机构翻译在编译有关的新闻报道时往往会加强亲华立场，并积极地塑造中国的正面形象，在促进爱国主义和民族主义方面发挥关键作用。笔者在本研究选择的语料中也注意到了这种模式。一方面，这种自上而下的国家主导的民族主义可以提升民众的凝聚力和对国家成就的自豪感；另一方面，它可能会引起其他国家受众的消极态度，认为报道不够中立。比如，通过 AntConc 软件检索"state media"（官媒）一词，发现 WCC 中 15 次提到该词。结合索引行分析（表 9-9），该词特指中国官媒，其中的一篇报道尤为瞩目：

> Even in China, where public discourse and online debate is ruthlessly controlled by Beijing, ignoring the obvious is becoming harder to do. Li Shuo, Beijing-based policy adviser for Greenpeace, says there has long been a reluctance among the tightly controlled state media to 'connect the dots' between extreme weather events and government policy... (*Financial Times*, 2022-11-08)

报道明目张胆地指责在中国，公共话语、互联网和官方媒体均为政府所严格管控（tightly controlled），意指中国没有新闻自由。这是一个相当严重的指控，而且空口无凭，反映了部分西方国家对中国政府和官方媒体的意识形态偏见和恶意炒作。

表 9-9　WCC 中"state media"的部分共现索引行

左侧内容（left context）	主题词（hit）	右侧内容（right context）
out an ambitious plan to develop the low-carbon fuel,	state media	reported on Thursday, China is the world's
part Emmanuel Macron and German Chancellor Angela Merkel, Chinese	state media	reported on Friday. Xi last year announced that
part Emmanuel Macron and German Chancellor Angela Merkel, Chinese	state media	reported earlier on Friday. Xi last year announced
does not veer into conflict", said the White House. Chinese	state media	reported Mr Xi as saying that China was
cadmium. The situation was so grim over "cadmium rice" that	state media	began advising people to diversify their diet. It
banning the use of heaters until temperatures drop below 3C.	State media	has reported buyers lining up outside coal yards

左侧内容（left context）	主题词（hit）	右侧内容（right context）
as a place of normal diplomatic discussions." Chinese officials and	state media	outlets noted Mr. Kerry's arrival but did
As people sought to escape the heat this week	state media	reported, citing the State Grid Corp of China
Beijing announced it would establish China's first national parks.	State media	say that the protected land area covers 89,000 square
own pace. Dong Xiucheng, an expert on carbon neutrality, told	state media	the extreme weather could become a new norm."
there has long been a reluctance among the tightly controlled	state media	to "connect the dots" between extreme weather events
preventing power outages amid the peak summer season", according to	state media.	The reports said Li also called for greater
have led to widespread rationing in recent days, according to	state media.	Wholesale fuel prices now exceed government-set retail
phrase, "building a beautiful China", also popped up in Chinese	state media,	suggesting a top-level push in a similar
cent by 2060, according to a cabinet document published by the	state media.	The new target, reported by the state-run

西方主流媒体的新闻话语总是或多或少受到所在国的文化传统、意识形态、国家利益等的影响。他们借用互文式对话维护"自我"的声音和利益，在报道中国生态问题上也是如此。欲加之罪，何患无辞。在现实的新闻编译中，误读和误译的动机往往难以捉摸，比如前文提到的"杀出一条血路"翻译谬误所引发的舆情，是源自无意的误读，还是有意的误译呢？前者通常是因为信息零碎、粗疏，或者不成系统，加上受众从自我价值观和文化态度出发而形成错误理解和判断，而后一种情况常常是受众自身主观上已经有政治、意识形态等方面的成见，进而自发式地、系统地对相关话语进行恶意扭曲。这进一步说明了中国特色话语"走出去"面临的最大挑战也许不是语言层面上的，而是意识形态上的。

第十章

总　结

10.1　研究结论

本研究借助语料库技术，结合了语言学、翻译学和传播学相关理论与方法，对中国生态文明话语进行了批评话语分析研究，一方面补充了中国对外话语的有关研究，另一方面揭示了主要英语国家对我国生态文明话语的阐释和接受状况，并探讨了我国生态文明话语对外译介的优化策略，有助于提高外语学习者的批判性语言意识，为国际传播外语人才培养提供了一定的参考价值。

第二章对国内外生态文明话语、话语传播和翻译等相关研究进行了比较全面的回顾，发现目前话语仍然是一大研究热点，但是国内有关中国对外话语的研究在三个方面存在局限：

研究方法上，以宏观概述或理论研究为主，定量研究较少。

研究范围上，多个案或小规模样本分析，较少有基于大型数据库的整体描述和分析。

研究内容上，多围绕文学、文化和外交话语翻译的探讨，对于生态文明话语这一国家形象重要载体的翻译研究着力不多；侧重单一国家的生态话语，对中外生态文明话语的对比分析较少。

而国外受限于国别立场不同，只有少数学者借由一些国际大事件探讨中国形象塑造问题，而且观点偏消极负面，少有学者专门探讨中国对外话语的构建情况。但是国内外学界都关注到了话语分析的社会学转向，以及翻译在国家对外话语体系构建中的关键作用。

为此本研究从翻译的角度探讨我国有关生态治理和生态文明建设的话语官方英译，特别是其在主流英语媒体中的接受度以及深层影响因素，具有一定的学术和应用价值。过往研究集中于外交、政治话语和文学文化题材的探讨，本研究则关注生态话语这一重要性与日俱增的话语类型，而且结合大型语料库进行了数据分析。选题比较新颖，研究方法得当，具有较好的学术价值。另外，本研究试图论证借助生态文明话语国际传播来超越意识形态差异的可能性，以期从翻译角度为我国加强对外话语传播、提高国际形象提供策略建议，契合当前国家提高国际传播影响力的使命，具有一定的应用价值。

第三章对本研究的理论框架进行了梳理，讨论了批评话语分析领域中三种最为经典、成熟的流派及其主要观点；论证了用批评话语分析开展本研究的合理性，即批评话语分析这一超学科理论与生态话语翻译在意识形态、话语建构和权力关系方面都有着较强的关联性；确定了本研究的研究路径，即通过语料库开展定量研究，以数据驱动对大规模语言文本进行宏微观探究，挖掘语言形式的规律性特征，解读中国生态文明话语在英语世界传播的热点、焦点、接受偏好和历时变化，从而了解中国生态文明话语对外传播中的真实传播效果，弥补传统研究的主观性和片面性缺陷；借助批评话语分析开展定性研究，分析国内外媒体对中国生态议题相关话语的接受和编译情况，结合相应的语境和社会历史背景，分析不同理解和认知背后的语言文化、政治立场、意识形态等原因。该章节还探究了生态哲学观、国家翻译实践以及新闻话语和编译等相关概念的内涵和外延，并对本研究的框架、步骤、语料库工具和数据收集情况进行了介绍。

本研究一共制作了三个语料库，包括一个中英双语平行语料库和两个英语单语语料库。其中双语语料库 ECO 收录了"中国生态文明关键词"以及党的十八大以来国务院新闻办公室发布的与生态议题有关的六份白皮书。将这个语料库的高频词作为检索关键词，在国际大型数据库 LexisNexis 中提取了中外媒体对中国双碳承诺的相关报道，并整理成了两个英语单语语料库（CCC 和 WCC）。

在此基础上，本研究在第四章至第八章中采用对比的视角，从主题词、搭配、互文性、隐喻、元话语五个维度对中外媒体双碳话语进行了对比分析，得出如下结论：

（1）中方媒体对于双碳议程的报道关注点主要集中在"双碳"目标、绿色发展、森林保护、生物多样性、现代化建设、新能源发展，外媒更为关注中国排放、中美关系与碳排放、气候变化、能源价格，而且外媒非常关注中美、中澳关系走向对于全球生态进程的影响。

（2）以常用节点词"emission""power"和"climate"为例，中方媒体话语中的显著搭配词大都为积极词语，外国媒体话语中的显著搭配词主要是中性词语，但是关于"China"的共现网络呈现的核心语义非常消极，试图固化中国对全球变暖负主要责任，是世界上"最大的排放国"这一具有误导性的错误认知。

（3）互文性方面，中外媒体在相关报道中使用的引号数量没有显著差异，多用直接引语真实再现受访者的态度和观点，提升报道的权威性和可信度，或者进行焦点管理，突出重要信息；多用引语来源指示词和转述动词，向读者展示信息来源的权威性和真实性。但是中方媒体库中对积极意义词语的使用频率更高。

（4）隐喻方面，中外媒体在颜色隐喻、亲密隐喻、建筑隐喻的使用频率上差异较大，在战争隐喻和旅程隐喻的使用频率上差异较小。中方媒体整体上使用了更多的隐喻表达，有利于简化复杂的生态话语概念；外媒对战争隐喻的使用频率明显高于中方，而且强调生态议题上中外关系的竞争甚至是对立，中方则通过亲密隐喻更为强调各方的共同责任和合作。

（5）元话语使用方面，中方媒体倾向于使用增强语来表达鲜明的立场和态度，使用自我提及语和介入标记语来加强与读者之间的互动，用模糊语来应对信息不确定的情况，态度标记语使用较少。而在部分外国媒体的报道中，增强语的使用强化了错误信息，模糊语、自我提及语和介入标记语成为负面报道的工具，态度标记语多为要求中方继续提高减排目标。中国媒体使用人际互动元话语主要是为了提升和谐关系，以及挑战关系来更好地促成和谐关系；部分外国媒体则是利用这类元话语挑战和谐关系。

总体来说，世界主要报媒对于中国双碳承诺持积极、正面的态度，但是有不少报道呈现出泛政治化的倾向，存在信息不对等、意识形态偏见等问题，影响了国外受众对中国生态文明形象的认知。为此在第九章，本研究基于前文的多维度对比分析，从互文性、隐喻、元话语和关键词等角度就话语翻译策略进行了讨论，提出了建议。特别是对 ECO 双语语料库中的翻译案例进行了比较深入的探讨，提出了如下建议：

（1）译者和新闻工作者要更加积极地利用文本内外的互文性来重构生态文明话语的概念关系网络，发挥翻译的交际和语用功能，力图提高目的语读者对中国生态智慧、生态思想、生态文化的认同感。

（2）在翻译中国特色生态话语中的隐喻表达时，优先喻义而非喻体形象，对于文化适应性较差的隐喻，切忌生硬地直译，要保障话语意义和态度评价的准确传达，也要进一步挖掘中国生态文明话语中的隐喻资源，提高话语表达的生动性和吸引力，同时考虑减少战争隐喻的使用，更加强调人与环境的和谐而非对立，增强中国形象的亲切感。

（3）对于中国生态文明特色话语的翻译要兼顾"政治性"和"动态性"，注意准确理解关键词的内涵，译文表达要更加地道、多元，要持续发力进一步对外译介"生态文明""'双碳'目标"等特色生态话语的表述和内涵。

研究还发现翻译作为一种跨文化传播活动，与传播之间有着天然的内在联系。中国生态文明话语对外译介也必须充分考虑到传播的特点和机制，跳出翻译就是话语表征的语际转换这一传统的思维，更多地考量如何将国际政治形势、新媒体传播特点等要素纳入翻译活动的过程中。本研究试图突破话语的语言维度，在社会文化的大框架之中探讨话语和翻译，探讨语言、文化、政治、社会、意识形态以及新闻编写者、译者、读者等不同元素的联动对中国生态文明话语对外译介的启示，符合当前国家对翻译行业发展和翻译学科建设的新要求，即翻译除了传递信息，还要在反击对话舆论战和认知战中发挥关键作用，有效地澄清事实、抵制"污名化"、消解不利舆论、重塑国家形象等。

本研究发现借助语料库语言学软件对话语进行定性与定量的对比分析是可

行的，一方面可以揭示话语使用的倾向性规律及其所传递的语义特征和态度意义，可以通过考察双语平行语料库中的源语渗透效应来确定翻译过程中源语对译文的影响；另一方面还可以揭示别国涉华报道对我国对外话语的阐释和接受状况，进而优化译介和传播路径。另外，本研究建设的语料库可以继续为将来的生态文明话语研究提供语料，也可为翻译、新闻、传播等方面的研究所用。本研究的结论也可为英语学习者、新闻翻译工作者、翻译教学人员等群体提供一定的参考，有利于大众理解话语和权力之间的关系。

10.2　研究不足与展望

虽然花费了大量的精力和时间，但本研究还是有其局限性。比如，研究中部分数据为人工筛选、统计而来，可能存在一定的主观性，也可能有统计上的偏差，分析的类型也有限。由于篇幅有限，本研究仅对主题词、搭配、互文性、隐喻和元话语五类语言特征进行了分析。另外，笔者的理论知识和学术视野也有局限，在具体语料案例的分析和解释上可能深度还不够。

最后，对于话语分析这一领域的研究展望，笔者认为可以考虑以下角度：第一，可以建设规模更大、语料更为详实的生态话语语料库，来验证本研究的一些发现。第二，考虑社交媒体对新闻议题的深远影响，可以研究中国生态文明话语在国外社交媒体上的接受和阐释情况。第三，可以进一步从新闻传播的视角探讨增强翻译传播实效的策略，比如如何根据内外有别的传播原则，在对外传播中找准资源，提炼更容易让外国读者产生共鸣的中国生态故事，有选择地对外译介中国生态文明建设中的思想和话语，以达到更好的传播效果。

参考文献

[1] 曹凤龙，王晓红. 中美大学生英语议论文中的元话语比较研究 [J]. 外语学刊，2009（5）：97-100.

[2] 陈法春. 党的重要文献英译不可忽视程度修饰语——以"明显"和"显著"为例 [J]. 天津外国语大学学报，2024（5）：37-45，111-112.

[3] 陈小慰. 作为修辞话语的隐喻：汉英差异与翻译 [J]. 福州大学学报（哲学社会科学版），2014，28（2）：5.

[4] 邓隽. 解读性新闻中的互文关系——兼论互文概念的语言学化 [J]. 当代修辞学，2011，167（5）：42-55.

[5] 段亚男，綦甲福. 态度系统视域下文学语篇隐喻性称呼语的人际意义探究——以《浮士德》中格莉琴爱情悲剧为例 [J]. 解放军外国语学院学报，2021（4）：37-43.

[6] 范武邱，邹付容. 批评隐喻分析视阈下外交话语与国家身份构建——以中国国家领导人在 2007-2018 年夏季达沃斯论坛开幕式上的致辞为例 [J]. 北京第二外国语学院学报，2021（3）：60-72.

[7] 高卫华. 新闻传播学导论 [M]. 武汉：武汉大学出版社，2011.

[8] 管志斌. 语篇互文形式研究 [D]. 上海：复旦大学，2012.

[9] 韩存新，樊斌. 语料库辅助的跨文化语境政治演讲之批评性分析 [M]. 北京：北京理工大学出版社，2020：158.

[10] 胡开宝，李晓倩. 语料库批评译学：内涵与意义 [J]. 中国外语，2015，12

（1）：90–100.

[11] 胡开宝，李鑫. 基于语料库的翻译与中国形象研究：内涵与意义 [J]. 外语研究，2017，34（4）：6.

[12] 胡开宝，田绪军. 中国外交话语英译中的中国外交形象研究——一项基于语料库的研究 [J]. 中国外语，2018，15（6）：79–88.

[13] 胡开宝，张晨夏. 中国当代外交话语核心概念对外传播的现状、问题与策略 [J]. 浙江大学学报（人文社会科学版），2021，51（5）：99–109.

[14] 黄友义. 坚持"外宣三贴近"原则，处理好外宣翻译中的难点问题 [J]. 中国翻译，2004，25（6）：27–28.

[15] 黄友义，黄长奇，丁洁. 重视党政文献对外翻译，加强对外话语体系建设 [J]. 中国翻译，2004（3）：5–7.

[16] 黄莹. 元话语标记语的分布特征及聚类模式对比分析——以银行英文年报总裁信为例 [J]. 外国语文，2012（4）：84–90.

[17] 贾玉娟. 战争隐喻广泛性之理据分析 [J]. 学术界，2015（12）：6.

[18] 李菁菁. 话语历史分析法与挪威国家形象构建——以挪威首相第70届和第71届联大演讲为例 [J]. 外国语文，2017，33（3）：61–66.

[19] 李玲玲. 互文性理论与文学批评 [D]. 武汉：华中师范大学，2006.

[20] 李桔元. 互文性的批评话语分析——以广告语篇为例 [J]. 外语与外语教学，2008（10）：16–20.

[21] 李全喜，李培鑫. 中国生态文明国际话语权的出场语境与建构路径 [J]. 东南学术，2022（1）：25–35.

[22] 李文革，幸小梅. 叶圣陶童话创作与"五四"童话翻译：互文性探究 [J]. 跨语言文化研究，2016（2）：234–243.

[23] 李玉平. 互文性研究 [D]. 南京：南京大学，2003.

[24] 梁茂成. 什么是语料库语言学 [M]. 上海：上海外语教育出版社，2016：81.

[25] 廖小平，董成. 论新时代中国生态文明国际话语权的提升 [J]. 湖南大学学

报（社会科学版），2020，34（3）：9.

[26] 刘辰.中美媒体有关南海争端报道的体裁互文性对比研究 [D].南京：南京师范大学，2018.

[27] 刘军平.互文性与诗歌翻译 [J].外语与外语教学，2003（1）：55-59.

[28] 罗国青，王维倩.零翻译与不可译——零翻译本质辨 [J].外国语文，2011（1）：116-120.

[29] 罗选民，于洋欢.互文性与商务广告翻译 [J].外语教学，2014，35（3）：92-96.

[30] 马廷辉，高原.美国政治漫画中的多模态隐喻构建与批评分析——以中美贸易冲突为例 [J].外语研究，2020（1）：25-32.

[31] 苗兴伟.生态文明视域下生命共同体的话语建构：基于《人民日报》生态报道的生态话语分析 [J].北京第二外国语学院学报，2023，45（3）：18-28，90.

[32] 潘琳琳.翻译符号学视阈下符号文本链的互文性景观——以《红高粱》符际翻译为例 [J].外国语文，2020，36（4）：106-112.

[33] 裴晓军.战争隐喻与新闻传播理念：以都市报为例 [J].新闻与传播研究，2005，12（4）：84-85.

[34] 钱毓芳.语料库与批判话语分析 [J].外语教学与研究，2010，（3）：198-202.

[35] 秦海鹰.互文性理论的缘起与流变 [J].外国文学评论 2004，71（3）：19-30.

[36] 孙吉胜.话语、国家形象与对外宣传：以"中国崛起"话语为例 [J].国际论坛，2016（1）：1-7.

[37] 唐青叶，申奥."一带一路"及"人类命运共同体"话语体系构建的现状、问题与对策 [J].北京科技大学学报（社会科学版），2018，34（1）：12-17.

[38] 魏向清，杨平.中国特色话语对外传播与术语翻译标准化 [J].中国翻译，

2019（1）：91–97.

[39] 武建国，牛振俊，冯婷.互文视域下中国传统文化的外宣——以林语堂的翻译作品为例 [J].外语学刊，2019（6）：117–121.

[40] 辛斌.批评性语篇分析：问题与讨论 [J].外国语，2004（5）：64–69.

[41] 辛斌.语篇研究中的互文性分析 [J].外语与外语教学，2008（1）：5–10.

[42] 辛斌.语言的建构性和话语的异质性 [J].现代外语，2016（1）：1–12.

[43] 辛斌.批评语言学与西方马克思主义——批评性语篇分析中的意识形态观 [J].常熟理工学院学报，2005，19（5）：7–10.

[44] 辛斌，李曙光.汉英报纸新闻语篇互文性研究 [M].北京：外语教学与研究出版社，2010：13.

[45] 许家金，李潇辰.基于 BNC 语料库的男性女性家庭角色话语建构研究 [J].解放军外国语学院学报，2014，37（1）：10–17，30，159.

[46] 许峰，高意.话语分析视角下中国国家生态形象自塑研究——以习近平主席外交话语为例 [J].中国地质大学学报（社会科学版），2023（5）：145–156.

[47] 许涌斌，高金萍.德国媒体视域下的"人类命运共同体"理念研究——语料库辅助的批评话语分析 [J].德国研究，2020，35（4）：151–167.

[48] 王立非，李炤坤.中美商务语篇互文性多维对比研究 [J].外语教学理论与实践，2018（3）：56–62.

[49] 王晋军.国外环境话语研究回顾 [J].北京科技大学学报（社会科学版），2015，31（5）：29–34，80.

[50] 汪榕培.汪榕培学术研究文集 [M].上海：上海外语教育出版社，2017.

[51] 吴丹苹，庞继贤.政治语篇中隐喻的说法功能与话语策略——一项基于语料库的研究 [J].外语与外语教学，2011（4）：38–42.

[52] 吴格奇.话语分析视角下的城市形象研究——以杭州为例 [M].南京：东南大学出版社，2019：18.

[53] 徐海铭，龚世莲.元话语手段的使用与语篇质量相关度的实证研究 [J].现

代外语，2006（1）：54–61.

[54] 徐进. 为什么抱怨中国外交难懂的总是西方人？[N]. 澎湃新闻，2015–05–21.

[55] 徐赳赳. Van Dijk 的话语观 [J]. 外语教学与研究，2005（5）：358–361，400–401.

[56] 杨明. 评价意义对等视角下的《三国演义》英译研究——以罗慕士、虞苏美译本为例 [J]. 翻译研究与教学，2020（1）：51–55.

[57] 杨明星. 论外交语言翻译的"政治等效"——以邓小平外交理念"韬光养晦"的译法为例 [J]. 解放军外国语学院学报，2008（5）：90–94.

[58] 杨明星，赵玉倩."政治等效 +"框架下中国特色外交隐喻翻译策略研究 [J]. 中国翻译，2020（1）：151–159.

[59] 杨倩，刘法公. 外交话语中隐喻情感对应传递一致的英译研究 [J]. 中国外语，2023，20（1）：7.

[60] 杨阳. 系统功能视角下新闻报道的生态话语分析 [J]. 北京第二外国语学院学报，2018，40（1）：33–45.

[61] 易敏. 全球化语境下中西方文化的碰撞与交融 [J]. 湖南社会科学，2014（4）：210–212.

[62] 赵蕊华，黄国文. 生态语言学研究与和谐话语分析——黄国文教授访谈录 [J]. 当代外语研究，2017，（4）：15–18，25.

[63] 赵祥云. 新形势下的中央文献翻译策略研究——以《习近平谈治国理政》英译为例 [J]. 西安交通大学学报，2017（9）：89–93.

[64] 张丹丹. 20 世纪法美华人学者群体的中国文学翻译与研究——以《红楼梦》为例 [J]. 解放军外国语学院学报，2022，45（5）：112–118，161.

[65] 张慧，林正军，董晓明. 中美气候变化新闻报道中生态话语的趋近化研究 [J]. 西安外国语大学学报，2021，29（1）：35–40，128.

[66] 张昆. 理想与现实：40 年来中国国家形象变迁 [J]. 人民论坛·学术前沿，2018（23）：84–91.

[67] 张培基.英汉翻译教程 [M].上海：上海外语教育出版社，1980：167–175.

[68] 张威，雷璇.中国文学对外翻译中的文化自信意识——基于《芙蓉镇》英译本海外调查的个案分析 [J].外语教学与研究，2023，55（4）：595–607，641.

[69] 张威，李婧萍.中国对外话语译介与传播研究：回顾与展望（1949–2019）[J].外语与外语教学，2021（4）：9.

[70] 张玉清.实现"双碳"目标构建新型能源体系的初步思考 [J].石油科技论坛，2024，43（2）：8–14.

[71] 张云飞.习近平生态文明思想话语体系初探 [J].探索，2019（4）：22–31.

[72] 郑保卫，杨柳.从中外纸媒气候传播对比看我国媒体气候传播的功能与策略——以《人民日报》《纽约时报》《卫报》为例 [J].当代传播，2019（6）：23–28.

[73] 郑红莲，王馥芳.环境话语研究进展与成果综述 [J].北京科技大学学报（社会科学版），2018，34（4）：9–16.

[74] 钟兰凤，郭晨露.化学学科学生作者立场标记语使用能力研究 [J].外语研究，2020（1）：62–66.

[75] 钟书能，李英垣.翻译方法新视野——翻译是互文意境中的篇章连贯重构 [J].中国翻译，2004（2）：14–18.

[76] ADEL A. Metadiscourse in L1 and L2 English[M]. Amsterdam: John Benjamins Publishing Company, 2006: 19.

[77] AGBO I I, KADIRI G C, IJEM B U. Critical Metaphor Analysis of Political Discourse in Nigeria[J]. English Language Teaching, 2018, 11(5): 95–103.

[78] ALEXANDER R, STIBBE A. From the Analysis of Ecological Discourse to the Ecological Analysis of Discourse[J]. Language Sciences, 2014(41): 104–110.

[79] BAKER M. Corpus–based Translation Studies: The Challenges That Lie Ahead[C]//SOMERS H. Terminology, LSP and Translation: Studies in Language Engineering in Honor of Juan C. Sager. Amsterdam: John Benjamins Publishing

Company, 1996: 175–186.

[80] BAKER M. Translation as Re-narration[C]//HOUSE J. Translation: A Multidisciplinary Approach. Basingstoke: Palgrave Macmillan, 2013: 158–177.

[81] BAKER M. Translation as an Alternative Space for Political Action[J]. Social Movement Studies, 2013(1): 1–25.

[82] BAZERMAN C. Intertextuality: How Texts Rely on Other Texts[M]//BAZERMAN C, PRIOR P. What Writing Does and How It Does It: An Introduction to Analyzing Texts and Textual Practices. London: Laurence Erlbaum, 2003: 89–102.

[83] BIELSA E, BASSNETT S. Translation in Global News[M]. London: Routledge, 2009.

[84] BOURDIEU P. Language & Symbolic Power[M]. Cambridge, Eng: Polity Press, 1991.

[85] BOULDING K E. National Images and International Systems[J]. Conflict Resolution, 1959, 3(2): 120–131.

[86] BU J M. Towards a Pragmatic Analysis of Metadiscourse in Academic Lectures: From Relevance to Adaptation[J]. Discourse Studies, 2014(16): 449–472.

[87] CARVALHO A. Representing the Politics of the Greenhouse Effect: Discursive Strategies in the British Media[J]. Critical Discourse Studies, 2005(2): 1–29.

[88] CASTILLO E A, LOPEZ G. Public Opinions about Climate Change in United States, Partisan View and Media Coverage of the 2019 United Nations Climate Change Conference (COP 25) in Madrid[J]. Sustainability, 2021(13): 1–19.

[89] CHARTERIS-BLACK J. Corpus Approaches to Critical Metaphor Analysis[M]. New York: Palgrave-MacMillan, 2004.

[90] CHILTON P. Analysing Political Discourse: Theory and Practice[M]. London: Routledge, 2004.

[91] COLLINS L, NERLICH B. Examining User Comments for Deliberative

Democracy: A Corpus-driven Analysis of the Climate Change Debate Online[J]. Environmental Communication, 2014(9): 189–207.

[92] DE SAUSSURE F. Course in General Linguistics[M]. Beijing: Foreign Language Teaching and Research Press, 2001.

[93] DE SAUSSURE F. Course in General Linguistics[M]. New York: Columbia University Press, 2011: 16.

[94] DEL-TESO-CRAVIOTTO M. Emigrants in Contemporary Spanish Press: A Socio-cognitive approach[J]. Discourse Context & Media, 2019(29): 100296.

[95] DOMINIC J R. The Dynamic of Mass Communication[M]. New York: MacGraw-Hill Publishing Company, 2005.

[96] FAIRCLOUGH N. Language and Power[M]. London: Longman, 1989.

[97] FAIRCLOUGH N. Language and Social Change[M]. Cambridge, Eng: Polity Press, 1992.

[98] FAIRCLOUGH N. Discourse and Social Change[M]. Cambridge, Eng: Polity Press, 1993.

[99] FAIRCLOUGH N. Critical Discourse Analysis: The Critical Study of Language[M]. London: Longman, 1995.

[100] FAIRCLOUGH N. Analysing Discourse: Textual Analysis for Social Research[Ml. London: Routledge, 2003.

[101] FAIRCLOUGH N. Critical Discourse Analysis: The Critical Study of Language[M]. London: Routledge, 2010: 9.

[102] FAIRCLOUGH N, WODAK R. Critical Discourse Analysis[M]//VAN DIJK T A. Discourse as Social Interaction. London: SAGE Publications, 1997.

[103] FAIRCLOUGH N. Language and Power[M]. 2nd ed. London: Longman, 2001.

[104] FOUCAULT M. Microfísica do Poder[M]. Rio de Janeiro: Graal, 1979.

[105] FOWLER R, HODGE B, KRESS G, et al. Language and Control[M]. London: Routledge, 1979: 185.

[106] GEIS M U. The Language of Politics[M]. New York: Springer−Verlag, 1987.

[107] GOATLY A. The Representation of Nature on the BBC World Service[J]. Text Interdisciplinary Journal for the Study of Discourse, 2002, 22(1), 1−27.

[108] GROUP P. MIP: A Method for Identifying Metaphorically Used Words in Discourse, Metaphor and Symbol[J]. Metaphor and Symbol, 2007, 22(1): 1−39.

[109] HAJER M A. The Politics of Environment Discourse: Ecological Modernisation and the Police Process[M]. Oxford: Oxford University Press, 1995.

[110] HALLIDAY M A K. Language as Social Semiotic: The Social Interpretation of Language and Meaning[M]. Beijing: Foreign Language Teaching and Research Press, 1978.

[111] HALLIDAY M A K. New Ways of Meaning: The Challenge to Applied Linguistics[J]. Applied linguistics, 1990(6): 7−36.

[112] HART C. Predication and Proximisation Strategies[J]. Palgrave Macmillan UK, 2010: 62−88.

[113] HYLAND K. Metadisourse: Exploring Interaction in Writing[M]. London: Continuum, 2005.

[114] HYLAND K, TSE P. Metadiscourse in Academic Writing: A Reappraisal[J]. Applied Linguistics, 2004(2): 156−177.

[115] HYLAND K. Talking to Students: Metadiscourse in Introductory Coursebooks[J]. English for Specific Purposes, 1999, 18(1): 3−26.

[116] HYLAND K. Disciplinary Interactions: Social Interactions in Academic Writing[M]. London: Longman, 2000.

[117] JACKENDOFF R. Mental Representation for Language[M]//HAGOORT P. Human Language from Genes and Brains to Behaviour. London: The MIT Press, 2019.

[118] JORGENSEN M, PHILLIPS L. Discourse Analysis as Theory and Method[M]. London: SAGE Publications, 2002: 73.

[119] KANG J H. Recontextualization of News Discourse: A Case Study of Translation of News Discourse on North Korea[M]//CUNICO S, MUNDAY J. Translation and Ideology: Encounters and Clashes. London: Routledge, 2007: 219–242.

[120] KIM K H. Examining US News Media Discourses about North Korea: A Corpus-based Critical Discourse Analysis[J]. Discourse Soc, 2014(25): 221–244.

[121] KINTSCH W, VAN DIJK T A. Toward a Model of Text Comprehension and Production[J]. Psychological Review, 1978(85): 363–394.

[122] KOUCHAKI M, GINO F, FELDMAN Y. The Ethical Perils of Personal, Communal Relations: A Language Perspective[J]. Psychological Science, 2019, 30(12): 1745–1766.

[123] KRISTEVA J. Desire in Language: A Semiotic Approach to Literature and Art[M]. New York: Columbia University Press, 1980: 37.

[124] LAKOFF G, JOHNSON M. Metaphors We Live By[M]. Chicago: University of Chicago Press, 2003.

[125] LEE J, SUBTIRELU N. Metadiscourse in the Classroom: A Comparative Analysis of EAP Lessons and University Lectures[J]. English for Specific Purposes, 2015(37): 52–62.

[126] LEFEVERE A. Translation/History/Culture[C]. London: Routledge, 1992.

[127] LEFEVERE A. Chinese and Western Thinking on Translation[M]//BASSNETT S, LEFEVERE A. Constructing cultures: Essays on literary translation. Clevedon: Multilingual Matters, 1998: 22.

[128] LEGUM C, CORNWELL J. A Free and Balanced Flow: Report of the Twentieth Century Fund Task Force on the International Flow of News[M]. Lexington: Lexington Books, 1978: 66.

[129] LIEN D, ZHANG S. Words Matter Life: The Effect of Language on Suicide Behaviour[J]. Journal of Behavioural and Experimental Economics, 2020(86): 101536.

[130] LUTTWAK E. The Rise of China vs. the Logic of Strategy[M]. Cambridge: Harvard University Press, 2012.

[131] MARTIN J R, WHITE P R. The Language of Evaluation[M]. New York: Palgrave Macmillan, 2005.

[132] MCENERY T. Swearing in English: Bad Language, Purity and Power from 1586 to the Present[M]. London: Routledge, 2006: 37.

[133] HANNERZ U. Foreign News: Exploring the World of Foreign Correspondents[M]. Chicago: The University of Chicago Press, 2004: 78.

[134] HOU Pingping. Paratexts in the English Translation of the Selected Works of Mao Tse-tung[M]//PELLATT V. Text, Extratext, Metatext and Paratext in Translation. Cambridge, Eng: Cambridge scholars publishing, 2013.

[135] IWABUCHI K. Pop-culture Diplomacy in Japan: Soft Power, Nation Branding and the Question of "International Cultural Exchange" [J]. International Journal of Cultural Policy, 2015, 21(4): 419–432.

[136] KANG J K. Institutional translation[M]//BAKER M, SALDANHA G. Routledge encyclopedia of translation studies. New York: Routledge, 2009: 141.

[137] LASSWELL H D. The Structure and Function of Communication in Society[M]//BRYSON L. The Communication of Ideas. New York: Institute for Religions and Social Studies, 1948: 37.

[138] LAUSCHER S. Translation Quality Assessment[J]. The Translator, 2000, 6(2): 149–168.

[139] MASON I. Text parameters in translation: Transitivity and institutional cultures[M]//VENUTI L. The Translation Studies Reader. London: Routledge, 2004.

[140] MOSSOP B. Revising and Editing for Translators[M]. Manchester: Routledge, 2007.

[141] MULDAVIN J S S. The Politics of Transition: Critical Political Ecology, Classical

Economics, and Ecological Modernization Theory in China[M]//COX K, LOW M, ROBINSON J. The SAGE Handbook of Political Geography. London: SAGE Publications, 2008.

[142] MUNDAY J. Translation and Ideology: A Textual Approach[M]//CUNICO S, MUNDAY J. Translation and Ideology: Encounters and Clashes. London: Routledge, 2007: 213.

[143] MUR–DUENAS P. An Intercultural Analysis of Metadiscourse Features in Research Articles Written in English and in Spanish[J]. Journal of Pragmatics, 2011(12): 3068–3079.

[144] NEWMARK P. A Textbook of Translation[M]. Shanghai: Shanghai Foreign Language Education Press, 2001: 85.

[145] NORTON C, HULME M. Telling One Story, or Many? An Ecolinguistic Analysis of Climate Change Stories in UK National Newspaper Editorials[J]. Geoforum, 2019(104): 114–136.

[146] NYE J S. Soft Power[J]. Foreign Policy, 1990, 80(3): 153–171.

[147] NYE J S. Soft Power: The Means to Success in World Politics[M]. New York: Public Affairs, 2004.

[148] O'NEIL S, WILLIAMS H T P, KURZ T, et al. Dominant Frames in Legacy and Social Media Coverage of the IPCC Fifth Assessment Report[J]. Nature Climate Change, 2015(4): 380–385.

[149] PAN LI. Investigating Institutional Practice in News Translation: An Empirical Study of a Chinese Agency Translating Discourse on China[J]. Perspectives: Studies in Translation Theory and Practice, 2014, 22(4): 547–565.

[150] PLUMWOOD V. Human Exceptionalism and the Limitations of Animals: A review of Raimond Gaita's the Philosopher's Dog[J]. Australian Humanities Review, 2007, 42(8): 1–7.

[151] RAMO J C, FORSTER C J, SMALL A, et al. China's Image: The Country in the

Eyes of Foreign Scholars[M]. Beijing: Social Sciences Academic Press, 2008.

[152] REISIGL M, WODAK R. Discourse and Discrimination: Rhetorics of Racism and Antisemitism[M]. London: Routledge, 2001.

[153] REISIGL M, WODAK R. The Discourse-historical Approach[M]//WODAK R, MEYER M. Methods of Critical Discourse Studies. 3rd ed. London: SAGE Publications, 2016: 25.

[154] ROMANO M. Creating New Discourses for New Feminisms: A Critical Socio-cognitive Approach[J]. Language & Communication, 2021(78): 88-99.

[155] SEMINO E. Not Soldiers but Fire-fighters—Metaphors and Covid-19[J]. Health Communication, 2021, 36(1): 50-58.

[156] SCHÄFFNER C. Political Discourse Analysis from the Point of View of Translation Studies[J]. Journal of Language and Politics, 2004, 3(1): 117-150.

[157] SCHÄFFNER C, BASSNETT S. Politics, Media and Translation—Exploring Synergies[M]//SCHÄFFNER C, BASSNETT S. Political Discourse, Media and Translation. Cambridge, Eng: Cambridge Scholars, 2010: 2.

[158] SCOTT M, TRIBBLE C. Textual Patterns: Key Words and Corpus Analysis in Language Education[M]. Amsterdam: John Benjamins Publishing Company, 2006: 55.

[159] SPLICHAL S. The Role of Third World News Agencies in Surpassing the One-way Flow of News in the World[M]//YADAVA J S. Politics of News: Third World Perspectives. Philadelphia: Concept Publishing Co, 1984: 190.

[160] STIBBE A. Ecolinguistics: Language, Ecology and the Stories We Live By[M]. London: Taylor and Francis, 2015.

[161] STUBBS M. Text and Corpus Analysis[M]. Oxford: Blackwell Publishers Ltd, 1996.

[162] STUBBS M. Wholfs' Children: Critical Comments on Critical Discourse Analysis[C]//RYAN A, WRAY A. Evolving Models of Language. Clevedon:

Multilingual Matters, 1997.

[163] TANTI M, HAYNES J, COLEMAN D, et al. Beyond "Understanding Canada" : Transnational Perspectives on Canadian Literature[M]. Edmonton: The University of Alberta Press, 2017.

[164] THOMPSON G. Introducing Functional Grammer[M]. 3rd ed. New York: Taylor & Francis Group, 2014.

[165] VAN LEEUWEN T J, WODAK R. Legitimizing Immigration Control: A Discourse Historical Analysis[J]. Discourse Studies, 1999(1): 83–118.

[166] VAN DIJK T A. Discourse, Power and Access[M]//CALDAS–COULTHARD C R, COULTHARD M. Texts and Practices: Readings in Critical Discourse Analysis. London: Routledge, 1996: 84.

[167] VAN DIJK T A. Racism and the Press[M]. London: Routledge, 1991.

[168] VAN DIJK T A. Principles of Critical Discourse Analysis[J]. Discourse & Society, 1993, 4(2): 249–283.

[169] VAN DIJK T A. Discourse semantics and ideology[J]. Discourse & Society,1995, 6(2): 243–289.

[170] VAN DIJK T A. Opinions and Ideologies in the Press[M]//BELL A, GARRETT P. Approaches to Media Discourse. Oxford: Blackwell, 1998: 21–63.

[171] VAN DIJK T A. Ideology and Discourse: A Multidisciplinary Introduction[M]. Barcelona: Pompeu Fabra University, 2000.

[172] VAN DIJK T A. Multidisciplinary CDA: A Plea for Diversity[M]//WODAK R, MEYER M. Methods of Critical Discourse Analysis. London: SAGE Publications, 2001a: 95–120.

[173] VAN DIJK T A. Critical Discourse Analysis[M]//SCHIFFRIN D, TANNEN D, HAMILTON H E. The Handbook of Discourse Analysis. Maiden, MA: Wiley–Blackwell, 2001b.

[174] VAN DIJK T A. Discourse and ideology[M]//VAN DIJK T A. Discourse Studies:

A Multidisciplinary Introduction. London: SAGE Publications, 2011.

[175] VANDE KOPPLE W. Some Exploratory Discourse on Metadiscourse[J]. College Composition and Communication, 1985, 36 (1): 82–93.

[176] VENUTI L. The Translation Studies Reader[M]. London: Routledge, 2000.

[177] WANG J. Xi Jinping's "Major Country Diplomacy": A Paradigm Shift?[J]. Journal of Contemporary China, 2018: 1–16.

[178] WETHERELL M, TALOR S, YATES S J. Discourse as Data: A Guide for Analysis[M]. London: SAGE Publications, 2001.

[179] WHITE L. The Historical Roots of Our Ecological Crisis[J]. Science, 1967(155): 1203–1207.

[180] WHORF B L. Language, thought and reality[M]. London: The MIT Press, 1956.

[181] WIDDOWSON H G. Discourse Analysis: A Critical View[J]. Language and Literature, 1995, 4(3): 157–172.

[182] WILLIAMS J M. Style: Ten Lessons in Clarity and Grace[M]. Boston: Scott Foresman, 1981: 211.

[183] WODAK R, DE CILLIA R, REISIGL M, et al. The Discursive Construction of National Identity[M]. Edinburgh: Edinburgh University Press, 2009.

[184] WODAK R. The Discourse–historical Approach (DHA)[M]//WODAK R, MEYER M. Methods of Critical Discourse Analysis. 2nd ed. London: SAGE Publications, 2001: 63–94.

[185] WODAK R. The Discourse of Politics in Action: Politics as Usual[M]. New York: Palgrave Macmillan, 2011.

[186] WODAK R, MEYER M. Methods of Critical Discourse Analysis[M]. 2nd ed. Beijing: Peking University Press, 2014.

[187] WODAK R, MEYER M. Methods of Critical Discourse Studies[M]. 3rd ed. London: SAGE Publications, 2016.

[188] WODAK R. European Identities and the Revival of Nationalism in the European

Union: A Discourse Historical Approach[J]. Journal of Language & Politics, 2015(14): 87–109.

[189] WU Y. Globalization, Translation and Soft Power: A Chinese Perspective[J]. Babel, 2017, 63(4): 463–485.

[190] XUE K, DENG Y, WANG S. What Factors Influence National Image in Disaster Reports? Evidence from China[J]. Qual Quan, 2015, 49(3): 1257–1265.

[191] YUAN Zhoumin, LENG Tangyun, WANG Hao. Understanding National Identity Construction in China–ASEAN Business Discourse[J]. SAGE Open, 2022, 12(1): 1–9.

[192] ZHANG Dian. The Construction of National Image of China by English World Media in Public Health Emergencies[J]. Journal of Environmental and Public Health, 2022, 33(7): 1–8.

[193] ZHANG Lejin, WU D. Media Representations of China: A Comparison of China Daily and Financial Times in Reporting on the Belt and Road Initiative[J]. Critical Arts, 2017, 31(6): 29–43.

[194] ZHONG Yong. Translation Matters: Impact of Two English Renditions of One Chinese Political Text on International Readers[J]. T&I Review, 2014(4): 147–166.

附　录

附表 1　WCC 主题词

序号	主题词	WCC 库中的频次	CCC 库中的频次	关键性
1	coal	1103	487	633.59
2	Kerry	151	14	208.09
3	Biden	192	37	202.41
4	us	341	199	136.85
5	Greenpeace	68	0	130.78
6	aluminum	84	5	127.87
7	bitcoin	64	0	123.09
8	warming	150	46	119.23
9	prices	128	31	119.17
10	biggest	163	57	116.71
11	plants	208	101	106.85
12	emitter	87	14	99.52
13	analysts	83	13	96.02
14	trump	64	6	87.91
15	announcement	98	26	86.17
16	Australia	74	12	84.37
17	target	166	85	79.82
18	mining	68	11	77.61
19	price	103	35	75.52

续表

序号	主题词	WCC 库中的频次	CCC 库中的频次	关键性
20	decarbonisation	37	0	71.16
21	accord	37	0	71.16
22	analyst	64	11	71.15
23	India	67	14	67.76
24	Myllyvirta	35	0	67.31
25	futures	35	0	67.31
26	net	121	56	65.73
27	Australian	57	9	65.72
28	copper	34	0	65.39
29	miners	34	0	65.39
30	demand	165	98	64.43
31	adviser	33	0	63.46
32	fired	139	75	62.36
33	fossil	200	137	61.32
34	London	73	21	60.76
35	talks	85	30	60.37
36	record	81	27	60.33
37	tensions	45	5	58.85
38	pressure	75	25	55.86
39	immediately	29	0	55.77
40	premium	29	0	55.77
41	climate	1224	1486	54.47
42	likely	63	18	52.69
43	Zhengzhou	27	0	51.92
44	top	146	95	49.1
45	Glasgow	97	48	48.67
46	fuel	156	106	48.55
47	gigawatts	60	18	48.46
48	deadline	25	0	48.08

序号	主题词	WCC 库中的频次	CCC 库中的频次	关键性
49	officials	85	38	47.99
50	Jinping	186	139	47.92

附表2　CCC 主题词

序号	主题词	CCC 库中的频次	WCC 库中的频次	关键性
1	development	1425	175	606.89
2	green	1572	334	389.48
3	carbon	3434	1185	330.84
4	ecological	484	31	291.94
5	protection	302	19	183.37
6	low	615	122	166.03
7	forest	232	10	159.54
8	promote	230	14	141.4
9	conservation	210	13	128.28
10	cooperation	496	102	127.93
11	biodiversity	271	29	126.35
12	modernization	125	0	120.47
13	civilization	161	5	119.91
14	dioxide	508	117	111.97
15	river	160	8	105.26
16	photovoltaic	159	9	100.36
17	transformation	204	20	100.28
18	peaking	243	32	97.95
19	efforts	530	138	95.65
20	installed	198	20	95.63
21	project	256	39	91.3
22	governance	194	22	87.09
23	achieving	201	25	84.58
24	nature	291	55	83.17
25	energy	2198	965	83.01

序号	主题词	CCC 库中的频次	WCC 库中的频次	关键性
26	environment	413	103	80.26
27	station	124	8	74.53
28	province	309	67	74.23
29	achieve	505	148	72.35
30	strive	107	5	71.87
31	actions	180	24	71.84
32	county	74	0	71.31
33	progress	194	29	70.37
34	realize	73	0	70.35
35	enterprises	134	13	66.26
36	developed	215	38	66.21
37	island	100	5	65.78
38	northwest	68	0	65.53
39	Hainan	67	0	64.57
40	sink	66	0	63.6
41	beautiful	86	3	62.41
42	promoting	129	13	62.38
43	solid	64	0	61.68
44	sustainable	254	55	61.12
45	structure	99	6	60.95
46	CPC	61	0	58.78
47	afforestation	61	0	58.78
48	harmony	87	4	58.72
49	community	161	24	58.54
50	diversity	60	0	57.82